AUTHENTIC POWER AND GREATNESS

用此力量
战胜昨日的自己

全球 **十** 位大师与您分享人生智慧

〔澳大利亚〕**罗御轩**·著 | **张 琨**·译

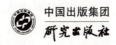

中国出版集团
研究出版社

图书在版编目 (CIP) 数据

用此力量，战胜昨日的自己 /（澳）罗御轩著；张
琨译 . —— 北京：研究出版社，2020.5

ISBN 978-7-5199-0894-2

Ⅰ . ①用… Ⅱ . ①罗… ②张… Ⅲ . ①人生哲学 – 通
俗读物 Ⅳ . ① B821-49

中国版本图书馆 CIP 数据核字 (2020) 第 067740 号

北京市版权局著作权合同登记号　图字：01-2020-2110

Authentic Power and Greatness by Joseph Rodarick Law
Copyright © 2019 by Joseph Rodarick Law and New Holland Publishers
Chinese Simplified Character rights arranged through
Media Solutions - Tokyo Japan
Simplified Chinese Translation Copyright © 2020 by Research Press
All Rights Reserved.

出 品 人：赵卜慧

图书策划：张　琨

责任编辑：张　璐

用此力量，战胜昨日的自己

YONGCI LILIANG, ZHANSHENG ZUORI DE ZIJI

〔澳大利亚〕罗御轩　著　张　琨　译

研究出版社 出版发行

（100011　北京市朝阳区安华里 504 号 A 座）

河北赛文印刷有限公司　新华书店经销

2020 年 5 月第 1 版　2020 年 5 月北京第 1 次印刷
开本：710 毫米 ×1000 毫米　1/16　印张：14.125
字数：160 千字

ISBN 978-7-5199-0894-2　定价：58.00 元

邮购地址 100011　北京市朝阳区安华里 504 号 A 座
电话（010）64217619　64217612（发行中心）

推　荐　语

以下是世界上一些领军人物对《用此力量，战胜昨日的自己》一书的评价：

"《用此力量，战胜昨日的自己》是一本引人入胜的书，它充满了智慧和实用的建议。"

鲍勃·卡尔（Bob Carr）

澳大利亚前外交部部长

"在 Zappos，我们坚持不懈为客户提供服务，为客户、员工和供应商带来快乐。罗御轩通过他的企业、慈善机构和这本新书，致力于改善人类的生活。《用此力量，战胜昨日的自己》有可能改变数百万人的生命。"

谢家华（Tony Hsieh）

Zappos.com（亚马逊旗下公司）行政总裁

该公司是《财富》杂志评选的"一百家最佳雇主公司"之一

"罗御轩在不断地认识自我，他执着而虔诚地追求精神生活，为自己所接触的每个人都带来额外的价值。他拥有超越自己年龄的智慧，对普通人的家庭生活和事业发展来说，《用此力量，战胜昨日的自己》既饱含真知灼见又通俗易懂。"

阿希什·乔汉（Ashish Chauhan）
孟买证券交易所董事总经理兼首席执行官
（孟买证券交易所是世界前十强证券交易所）

"《用此力量，战胜昨日的自己》蕴含的永恒智慧与现实世界紧密相连，它将帮助读者收获幸福的家庭和成功的事业。此书为每一位读者描绘了通向美好明天的征程。我谨向作者罗御轩表示祝贺！"

黄百鸣（Raymond Wong）
电影《叶问》的制片人
（中国大陆和香港最成功的电影制片人之一）

"《用此力量，战胜昨日的自己》激励并提醒我们，过非凡的生活是通往多彩而有意义人生的必由之路。这本书是非常实用的行动指南，它将为你标记出人生旅程中的每一个驿站。"

菲尔·林奇（Phil Lynch）
美国强生太平洋地区前董事总经理

"《用此力量，战胜昨日的自己》是一本能影响你生活方方面面的重要读物。它将向您展示如何在工作中收获更大的成功；如何在人际关系中获得更深层次的满足；如何在日常生活中得到更多的快乐。本书所传递的是令人鼓舞、意义非凡、并且非常实用的信息。"

马尔西·希莫夫（Marci Shimoff）
《纽约时报》畅销书作家
《心灵鸡汤》"女性版"作者

"我很少见到一本写满了绝妙建议的好书。阅读《用此力量，战胜昨日的自己》就像接受由世界上最受尊敬的思想家们提供的私人辅导。这是一本我将反复阅读的书，一本必读的好书。"

西蒙·雷诺兹（Siimon Reynolds）
屡获殊荣的营销专家

"我们每个人都是独一无二的，都有自己特定的使命和目标。我们被要求彼此相爱，并且用智慧过上有目标的生活。幸福并非由环境决定。《用此力量，战胜昨日的自己》以实用的洞见，为生活在现代社会的人们阐释了这些观念，也体现出作者高贵的品格。"

加里·威林格 博士（Dr. Garry Willinge）
宏利人寿保险（国际）有限公司 董事
澳大利亚公司董事学会主席（香港委员会）

"罗御轩是一位旅行者。虽然我们从未一起出国旅行，但是我们对人类的旅程有着相同的看法。当大多数人被问及对全局、总体情况的看法时，他们谈论的是我们在社会结构最高阶层中的互动。当罗御轩被问及同样的问题时，他的答案则是有关生命本身以及我们在宇宙中的生存意义。我祝愿罗御轩的这本著作以及他的人生旅程一切顺利。"

维克多·迈克尔·多米内洛
（Victor Michael Dominello）
澳大利亚新南威尔士州客户服务部长，议员

"罗御轩是真诚而脚踏实地的人。他的这本书极富洞察力，将帮助读者更全面地看待生活，并表达观点。"

李学林（Lemuel Lee）
董事总经理
法国巴黎银行（财富管理）

"罗御轩的《用此力量，战胜昨日的自己》是一本很棒的书，我把它和我最喜欢的书一起放在书架上。这是来自伟大心灵永恒智慧的结晶，我一定会反复阅读，并从中找寻灵感和指导。"

安多（Anh Do）
澳大利亚作家、演员、艺术家

"罗御轩以一颗真诚的心，去找寻那些在其它书中很容易被忽略的信息。他对人类发展的热情和为之努力的决心贯穿全书，任何人若想了解真正的伟大背后的故事，都应该阅读本书。"

贝西·芭铎（Bessie Bardot）
澳大利亚电视和广播工作者

"《用此力量，战胜昨日的自己》充满了智慧的金块、灵感的宝石和源自内心的、活出完美人生的宝藏。它将激励千百万人。"

约翰·德马蒂尼 博士（Dr.John Demartini）
德玛蒂尼研究所创始人兼首席执行官

"在《用此力量，战胜昨日的自己》中，罗御轩带领我们走出自我的黑暗时代，陪伴我们走进一个光明的世界。在那儿，我们得以不断展示自己的精神世界，并能拓展自己的创造性潜能。他把我们从过去的局限中解放出来，引导我们直接走上一条光明之路，奔向自己真实而神圣的未来。"

索尼娅·乔奎特（Sonia Choquette）
《纽约时报》畅销书作者

"本书是世界上一些最伟大的头脑的智慧总结，它将促使你走向繁荣、成功和幸福。我强烈推荐本书。"

约翰·R·伯利（John R.Burley）
教育家、作家、投资人

"《用此力量，战胜昨日的自己》是个宝藏，书中每一页都充满了鼓舞人心的惊喜。书中的智慧都是实用的、真实的，所传达的信息更值得我们认真阅读并付诸行动。"

艾奇恩·卡玛瑞克（Akiane Kramarik）
畅销书作家、艺术家和诗人

CONTENTS
目 录

致　谢

　　首先，我要向上天表达最诚挚的谢意，感谢他给了我为人类生活服务的绝佳机会。这种不可思议的经历，使我的内心充满了谦卑和感激。

　　许多不平凡的人把我塑造成今天的样子，如果没有他们给予的爱、支持和友谊，就不会有这本书。

　　我真诚地感谢这些了不起的特约作家（排名不分先后）：约翰·德马蒂尼博士、马尔西·希莫夫、弗雷德·艾伦·沃尔夫、比尔·巴特曼、杰克·坎菲尔德、西蒙·雷诺兹、索尼娅·乔奎特、朱津宁、明就仁波切和爱德华·德·博诺博士。没有你们的慷慨贡献，这本书不可能出版。我很荣幸能与你们中的每位一起工作。我知道，你们都非常忙碌，但却都愿意放弃宝贵的时间，分享自己的秘密、智慧和经验，让所有读过这本书的人都能有所收获和启发。《用此力量，战胜昨日的自己》恰恰体现在每个人的生活中，你们都是鼓舞人心的光辉榜样，我向所有人致敬！

　　我要特别感谢我的朋友，杰克·坎菲尔德，您是一位楷模。您所传达的信息，信仰和支持是一种积极的力量，帮助我走上服务人类的道路。我亲爱的朋友朱苏夫·哈里曼，感谢您多年来对我的指导、支持和关爱。

非常感谢优秀的出版商菲奥娜·舒尔茨（Fiona Schultz），她相信《用此力量，战胜昨日的自己》这本书所传达的信息。我们的友谊持续了近10年，现在仍然非常牢固。我要感谢澳大利亚新荷兰出版社强大的团队，他们以惊人的效率，使这本书的英文版能在很短的时间内出版。感谢中国出版集团研究出版社引进了简体中文版权，使这本书能和广大的中国读者朋友见面，感谢译者张琨女士的精彩翻译。

我要特别感谢家人对我的爱、支持和理解。我最亲爱的爸爸妈妈，感谢您们无私的奉献，让我有机会过自己的生活。我亲爱的曦文和姐姐们，你们的爱和坚定的支持对我意义非凡。你们能出现在我的生命中，我感到无比幸运。我珍惜我们一起走过此生旅程的每时每刻。我从心底里爱你们！我还要感谢许多来自东方和西方的伟大先哲与导师，他们的深刻教诲将继续激励我前行。

最后，我还想对许多朋友表达谢意，也许我没有在这里提到他们的名字，但他们却使我的生命无比丰盈，我会把对他们深厚的爱与感激留在心底。对我在人生旅程中有幸遇到的所有伟人，我将永远心怀感恩。

奉 献

我希望将这本书献给世上和未来的每个人，

愿您的生命因内在的幸福而绚丽多彩。

前　言

当罗御轩第一次邀请我为他的著作《用此力量，战胜昨日的自己》撰稿时，我立刻意识到他是一个肩负重要使命的人。这个充满热情的年轻人把自己的一生献给了崇高的目标。他满怀真诚，热情帮助他人，使这个世界变得更美好。罗御轩倾心于一种崇高的召唤，他做出承诺，以自己的天赋和才华为人类服务。现在，他已经成功撰写、编辑、出版了这部非凡的著作，书中的人物都是这个世界上最富智慧和最卓越的人。就像罗御轩一样，我相信伟大的生活就是奉献、爱和服务，是被深刻而有意义的目标所激励的生活，是为超越自我做出贡献，是为创造一个基于爱、和平和快乐之上的世界做出贡献。

《思考与致富》一书的作者拿破仑·希尔写道："每个负面事件都包含着同等的、甚至更大利益的种子。"在当今世界，我们似乎面临着一系列"负面"事件——无休止的战争、全球经济危机、严重的社会不公、抑郁症和精神疾病的流行、普遍的饥饿，以及全球变暖对我们生态系统带来的前所未有的破坏。我们自然非常需要找到那些"同等或将带来更大利益的种子"，这些"种子"就存在于这些颇具挑战性的事件中，而这本书正是如此。它向我们表明，我们可以接受一种新的模式，将所有变化和挑战视为转变的契机，从生活在恐惧中转变为生活在爱之中；从强调给予和信仰匮乏转变为对富足的接纳；从基于不信任和仇恨的隔阂转变为基于信任和宽容的体验；从一个充满绝望的世界转变到一个充满希望的世界。

罗御轩的这本书，从整体的角度教导我们获得幸福和成就的原则，其中包括家庭、事业和财富的丰盈、精神的成长与人生目标感的结合。当我第一次发现自己的使命，同时也是我此生的真正目标，正是"在爱和喜悦之中，鼓励人们去实现自己的最高愿景，并为他们赋能。"我选择用自己的一生来实现这个目标。因此，我努力用勇敢者的故事激励人们，鼓励他们无条件地热爱、充满热情地追求自己的梦想，并以决心和毅力克服巨大障碍。我不知疲倦地为他们赋能，让他们获得在生活的各个领域取得成功所需的准则、策略、方法和技能。罗御轩也致力于达成与我一样的使命，而你现在手中的这本书，也注定会实现同样的目标。

本书所要传达的信息是，伟大的生活并不仅限于少数特权阶层。罗御轩和本书这些富有真知灼见的作者们在此郑重宣告：《用此力量，战胜昨日的自己》中讲述的道理都可以在每个人身上得到印证！罗御轩成功地让拥有不同年龄和背景的人都能读到这本书。他与本书的所有作者密切合作，以通俗易懂、简明实用的方式传达出深刻的精神原则和哲理。《用此力量，战胜昨日的自己》成功地将最佳的成功方式和精神原则融为一体，以简明易懂的方式表达出来，他将集体的智慧、知识和经验整合为强大的、具有实践价值的课程。本书还为一些引人入胜的、关于生活、幸福和成功的问题，提供了精彩的答案。

《用此力量，战胜昨日的自己》蕴含了永恒智慧，这些智慧将使我们现代的生活更快乐、更成功、更充实。为了过上美好的生活，您需要建立新的习惯、新的行为模式和信仰架构，它们将有助于您创造自己想要的生活。这本《用此力量，战胜昨日的自己》将向您展示如何做到这一点。

让我们做好准备，开始阅读，开启新的人生。

杰克·坎菲尔德（Jack Canfield）

（杰克·坎菲尔德是心灵鸡汤企业首席执行官，《心灵鸡汤》系列图书的共同撰稿人；《成功原则》的共同撰稿人；《如何从当下前往想去的地方》作者；他是在《纽约时报》畅销书排行榜上同时拥有七本书的吉尼斯世界纪录保持者。）

导　言

　　当我还是个十几岁的少年时，内心就有一种自然而强烈的渴望，希望去发现自己此生的使命和目标。我身边并没有真正可以效仿的榜样，于是我就去读书，努力汲取别人的知识和经验，并开始自我发展。我阅读了几百本书，并下决心找到赢得人生这场游戏的规则。有一天，我对自己说："当我足够成功时，我将为人类服务，帮助那些遭受苦难和需要帮助的人。"我读过的许多自助类图书中都有速战速决的方法，以此为基础，我深信那一天迟早会到来。在此后的一段时间里，那些成功法则开始在我的生活中发挥作用，我也走上了一条循序渐进的、自我实现的旅程。

　　二十多岁时，我在一家销售额超过十亿澳元的投资公司旗下的子公司工作，担任总经理的职务。我的生活充满着压力，每周工作七天；异常忙碌，而这一切都是以牺牲个人成长中更重要的东西作为代价，比如我的健康、家人和朋友，以及我的精神生活等。最后，我意识到，我从自己赚到的财富中，或者从通往"成功"的道路上为自己设定的目标之中，感受不到一点儿快乐。我开始意识到，自己的价值体系与企业责任对我的不断要求并不吻合。为了应付每天的工作需要，我喝下很多咖啡，但长此以往，这样做会对我的健康不利。尽管我一直在做"正确的"事情，我的生活却显得很平凡。我觉得自己好像只是在机械地完成日常工作。

有一天，我忽然意识到一个问题，那是一种顿悟，一种精神上的觉醒。我发现自己在思考：除了接受教育、在工作中进步、养家糊口、还清住房贷款、退休、然后死去，人生还有其他意义吗？

这些挫折感和不满情绪唤醒了我对真理的追求。我开启了一条强烈的、由内而外的发现之旅。通过深层次的冥想，到印度圣地朝觐，向许多智慧导师求教，研究东西方传统中的灵性和智慧，我开始问自己一些问题，而这些问题在有记载的人类历史中，也一直被哲学家们反复追问：我是谁？我的人生目标是什么？当我离开这个世界的时候，我想留给这个世界什么遗产？如此深刻的思考引导我重新定义成功的本质。我不再仅仅把它看作是物质上的成功，相反，对成功的全新定义包含了更高的原则：实现自己的目标，减轻痛苦，为人类服务。我开始意识到，个人的转变是一个渐进的过程，不能一蹴而就。通往成功的道路不是终点，而是一生的承诺之旅。

在这个转变过程中，我体验到巨大的平静、满足和幸福感，并重新对生活有了新的目标。后来我想，尽管这些理想、灵性智慧和更高准则中的许多内容都很精彩，但它们中的大多数都是几千年前写成的。我们如何以实际的方式，将这些永恒的智慧融入复杂的现代日常生活中呢？许多有洞察力的导师、思想家和哲学家都曾谈论过人生的目的，以及充满幸福的生活。哲学家亚里士多德写道："幸福是生命的意义和目的，是人类存在的终极目标。"但当我们面对复杂的日常生活时，这些理想似乎变得遥遥无期——我们要支付账单、抚养家庭、忍受健康的问题，要应付不喜欢的工作，凡此种种，似乎永无止境。很显然，我们需要为现代生活寻找一种培养和平、爱和快乐的解决方案。

通过一系列看似巧合的事件，我受到启发，决定撰写这本《用此力量，战胜昨日的自己》。我希望通过编撰这样一本书，将复杂、永恒的精神准则和真理分解成为能被现代人理解的、具体的应用。这本《用此力量，战胜昨日的自己》就是为这个目的而撰写、编辑而成：从整体的角度来讲授幸福的原则，包括家庭、事业、精神成长和人生目标。《用此力量，战胜昨日的自己》以问答的形式，对当今世界一些伟大的思想家们进行一系列难得的、充满真知灼见的访谈，这本书将使您能亲自接触到在全球不同领域中顶尖思想家的思想、观点和建议。

我曾经设想过这本书的最终形式，但许多事情超出了我的控制范围。我决定顺其自然，并最终有幸见证了这本书的编纂过程是如何朝着我的初衷而自然展开的。在这个过程中，我必须通过个人信仰克服许多疑虑，在某种程度上，这个过程也是对我是否愿意听从自己内心的呼唤，去实现自己人生目标的一次考验。我开始接受在这一过程中得到的教训，并且意识到，如果你想改变世界，就要从改变自己开始，这样会容易得多。创作这本书的过程比我最初的预想长得多——几乎花了两年的时间。我对自己想要创作的这类书进行了广泛研究，对数百名作者做了调研，设计了500多个涉及不同主题的问题并采访了许多世界级思想家和行业领袖，其中一些采访是通过电子邮件进行的，有些采访是通过电话完成的，还有些受访者允许我摘录他们的著作。

这些受访者的经历令人倍受鼓舞。他们也都经历过压力、痛苦和困惑，正如我们每个人都曾经历过或正在经历的那样。但在经历各种挫折和挑战后，他们已经找到了自己生命的目标，每天的生活都充满快乐和成就感。《用此力量，战胜昨日的自己》不是一本理论书籍，而是他们生活经验的总结。他们已经能把握自己的命运，并从整体上认真地生活。当今世界面临着许多挑战和问题，我们正面临着战争、经济衰退、饥荒和全球变暖等严峻问题，并且似乎正在继续蔓延，在这个关键时刻，本书的推出尤为重要。"危机"一词在汉语中由两个词组成：第一个词是"危险"，第二个词是"机会"。这意味着，无论我们当下面临怎样的危机，在生活中总有一个选择，那就是把这场危机转化为一个新的成长机会，进而走上新的道路，创造真正的幸福。

我希望《用此力量，战胜昨日的自己》可以作为一条途径，帮助您以非凡的方式，过平凡的生活。这是您与生俱来的权利，您有可能获得这样的生活！《用此力量，战胜昨日的自己》并不能给出您需要的所有答案，但会让您直面新的问题。通过运用本书中的诸多原则，您会感到更幸福，以较少的努力获得更大的成就，在不影响您现实生活中的情况下，找到内心的平静。有一天当您醒来时，您将会意识到自己不再受恐惧的困扰，而是拥有一种被目标激励的生活，并最终实现人生的目标，战胜昨日的自己。

你的朋友，罗御轩
（Joseph Rodarick Law）

壹

享受一种在目标引领下的生活

杰克·坎菲尔德
畅销书作家

我认为真正的成功是发现自己喜欢做什么，找到实现的方法，并以此为自己和他人服务。

杰克·坎菲尔德（Jack Canfield）是《心灵鸡汤》系列产品（Chicken Soup for the Soul ®）的创始人，他促使励志类文集作为一种图书题材出现，并见证它成长为价值达数十亿美元的市场。在杰克·坎菲尔德的推动下，《心灵鸡汤》系列产品通过特许形式实现了超过一亿册的销售业绩。他也因此享有畅谈成功之路的独特资格。除了被《帝国时代》杂志称为"十年间的现象级出版人"，他也是带领美国企业家、商业领袖、经理人、营销专业人士、企业雇员和教育家创造最佳业绩的领军人物。杰克被人们亲切地称为"美国第一成功教练"，他研究并报道成功人士的与众不同之处，深谙那些激励和启迪他们的各种因素。

杰克毕业于哈佛大学，获心理学硕士学位。作为最早倡导"最佳表现"的人，他明确了具体实践办法并发起以结果为导向的活动，从而帮助人们应对更大的挑战并取得突破性成效。

杰克的其他畅销书《成功原则 ™：如何从你所在的地方到你想去的地方》（*The Success Principles ™: How From You Where to You Want to Were*）、《聚焦的力量》（*Power of Focus*）、《阿拉丁因素》（*The*

Aladdin Factor）和《勇敢去赢》（Dare to Win）在实体书店和互联网上创造了数以百万计的销售业绩，他还向热情的企业买家推出了音频节目、视频节目、企业培训计划和联合专栏等补充性产品。

杰克是"心灵鸡汤"的首席执行官。这家企业是一个价值达 10 亿美元的帝国，业务涉及全球范围内的特许经营、销售和出版活动。杰克的专栏文章发表在全美报业集团旗下的 150 家媒体上，心灵鸡汤 ® 电台栏目也在北美各地联合展播。

杰克·坎菲尔德在《纽约时报》畅销书排行榜上同时有七本书上榜，打破了史蒂芬·金保持的吉尼斯世界纪录。他也是全球几乎所有主要市场上超过 1000 个广播和电视节目的特邀嘉宾，其中包括奥普拉脱口秀（Oprah）、20/20（愚蠢的美国教育）、内幕新闻（Inside Edition）、今日播报（The Today Show）、拉里·金现场直播（Larry King Live）、福克斯和朋友们（Fox and Friends）、CBS 晚间新闻（The CBS Evening News）、NBC 夜间新闻（The NBC Nightly News）、心有灵犀（Eye to Eye）、CNN 现场回访（CNN's Talk Back Live!）、美国公共电视网（PBS）、美国家庭购物网（QVC）等，其中有很多节目都被反复播出。

> ## 您早年有怎样的经历，
> ## 将您塑造成今天的样子？

我最早是在芝加哥市中心的一所全黑人高中担任历史教师，并从此开启了自己的职业生涯。那里大多数学生对学习都不积极主动，

所以和历史教学相比，我更感兴趣的是如何激发他们对学习和成功的渴望。为了寻找有效的激励方法，我发现了 W·克莱门特·斯通（W Clement Stone），他是一位白手起家的百万富翁，身家 6 亿美元。斯通是《思考与致富》（*Think and Grow Rich*）一书作者拿破仑·希尔（Napoleon Hill）的朋友。斯通成立了一个基金会，向人们传授自己的成功法则。两年后，我来到基金会工作，花了几年时间向学校老师、辅导员以及商人传授那些强大的成功法则。

后来我回到大学，取得了心理教育硕士学位，并成为一名心理治疗师。我创立了新英格兰个人和组织发展中心，由此成为国际培训企业的培训师，并最终创建了自己的培训公司，至今仍在经营这家公司。在此过程中，我为教育工作者撰写了几本畅销书，也为公众写了几本书。

我决定把演讲和研讨会中分享过的所有鼓舞人心的故事都收集到一本书里，这正是我生命中真正的转折点。最终我和马克·维克多·汉森（Mark Victor Hansen）合著了一本书，书名是《心灵鸡汤》（*Chicken Soup for the Soul ®*）。在遭到 144 家出版商的拒绝后，这本书在全球范围内以 40 多种语言销售了 1000 多万册。现在这套丛书有200 多本，总销量超过 1.15 亿册。

您认为真正幸福的秘诀是什么？

我认为获取真正的幸福有几个秘诀。首先，你要真爱自己，接纳自己。我们大多数人都必须重新学习如何做到这一点。教人们如何培养自尊一直是我工作的重点之一。下一步是相信自己：相信你的感情，相信你的偏好，相信你的直觉。最后，你必须学会相信宇宙，并坚信一切都在按照应有的方式展开。

幸福的另一个关键是学会对生活中发生的每一件事承担 100% 的责任。这意味着你要放弃对世界所有的指责和抱怨。我意识到我们每个人确实是通过自己的思想、心中的形象、内心的感受、做出的选择、以及自己的所作所为创造出现实中的自己。一旦你真正明白这个道理，就可以有意识地通过运用自己思想的力量，创造自己想要的生活。

按同样的思路，我们必须要放弃对别人的行为做出判断。我们的大部分痛苦来自于试图控制自身无法掌控的事情，来自于相信其他人、其他条件应该与现实情况不同。当你放弃评判和企图控制他人，转而专注于为自己创造梦想时，你会找到一种内心的平静，由此你可以更轻松地创造你想要的生活。

您如何定义真正的成功？

我认为真正的成功源于发现自己喜欢做什么，找到方法身体力行，并在此过程中服务自己和他人。我们每个人都拥有与生俱来的才华和能力。我们天生就具备某种值得尊重的偏好和自然风格。我们中的一些人是天生的领导者，而另一些人则更乐于扮演支持的角色。有些人是天生的推销员，有些人拥有与生俱来的艺术创造力。关键是追求你最大的兴趣所在。当你发现自己真正的人生目的，并找到一种表

达方式，你就会体验到巨大的成就感。如果你能同时找到赚钱的方法，那就更好了。

对我来说，成功就是要有能力创造条件，使自己能在生活的各个领域做自己喜欢的事情。我已经拥有所需的员工、同事、办公室、基础设施、财政和时间等资源，投入自己的专业兴趣领域，并由此改变世界。我构建出自己需要的家庭结构和朋友关系，享受着充满爱和满足感的人际关系。我创造出必要的时间和资源，让自己的身体获得营养，保持身体健康和身材健美。我创造了自己所需的资源，使自己徜徉于美好的艺术、家具和音乐之中。我创造出自己需要的资源和联系，可以舒适地前往世界上任何想去的地方旅行。我拥有时间和金钱，能够追求任何教育机会以及个人发展体验。

您认为自己成功的秘诀是什么？

我想自己成功的秘诀有四个方面。

首先，我总是听从内心的指引。我聆听内心的声音，了解自己真正感兴趣的事情并全心全意地去追求。为了追求梦想，我愿意放弃过去的自己，无论是字面上的含义还是形象的比喻，都是如此。我39岁的时候已经在9个州生活过，上过3所大学，创办过3家企业，参加过100多场研讨会，阅读过1000多本书，听过不计其数的音频节目。我一直就是个贪婪的学习者，一直尊重自己提高自我意识的愿望，我还发现了帮助别人在生活的方方面面获得更大成功的方法。

第二，我愿意努力工作。我对工作充满热情，通过长时间的工作，出色地完成了各项任务，努力在工作和生活的各个领域不断提升自己。

第三，我很早就知道人生是一场团队运动。我总是将自己置身于合作伙伴和伟大的员工中间，慷慨地与他们分享一切。

第四，我一向真诚地关心我所服务的人们，有时甚至会因此犯错。但我真心地热爱他们，喜欢看到他们醒悟并成功地运用从我这里学到的原则和策略。我爱自己做的事，也爱自己服务的人们。

您曾说过冥想是幸福的关键所在，冥想对您的生活有什么影响？

是的，对我来说获得快乐和心灵平静的关键之一就是有规律的冥想练习。通过冥想，我能重新与本源和无限的智慧连接起来。当我沉溺于冥想中的事物，我发现自己的情绪更平静，觉悟更深刻，选择更明智，行动更有效，身体更健康，思想也更轻松。总体来说，我的生命会更有意义。

"过有目标的生活"的真正含义是什么？

我认为每个人生来就拥有既深刻又有意义的目标，我们必须去发现这些目标。这些目标并不需要你去创造，它原本就在那里，你只需要去发现它。你可以通过对以下两件事情的探索，去发现自己的目标：（1）你喜欢做什么？什么事情让你开心？（2）什么事情对你而言很轻松？

当然，你需要不断努力去开发自己的才华——即使是最有天赋的音乐家也必须进行练习，但这个过程应该让你感到很自然，就像是顺流划船，而不是逆流而上。我喜欢从事教学、写作、给别人当教练、推广和培训方面的工作，喜欢开发转型研讨会、工作坊和各种课程。我喜欢把其他领导人召集到一起开会，共同创造新的工作方法。

这些事情对我来说很轻松。虽然我用了多年时间，学习如何掌握这些技能，但我很享受这一过程。换句话说，工作是必要的，但痛苦却不是必需的。如果你感觉自己在挣扎、受苦，那件事恐怕就不是你人生目标所在。

对于那些仍在寻找目标的人，您会给他们什么建议？

让我快速和你分享一下我的著作《成功原理》中的一个小练习，它可以帮助你发现你的目标。

首先问自己，在这个世界上，我最喜欢表现出的两种品质是什么？对我而言，是爱和快乐。

其次问自己，我最喜欢表达这些品质的两种方式是什么？我的答案是激励人心并为他们赋能。我用研讨会上讲述的、在书中写到的感人故事去激励大家，向他们传授那些能被成功应用于生活的策略，为他们赋能。

一旦你回答了这些问题，花点时间描述一下：如果这个世界完全按照你的方式完美运行，它会是什么样子？在我的完美世界里，每个人都生活在他们的最高境界中，他们所做的事情，所处的状态，所拥有的东西都符合自己的愿望。最终，将以上三点合并成一句话，你就会清晰地意识到自己的人生目标。我的目标是"激励他人并为他们赋能，使人们能在爱和欢乐中实现自己的最高愿景"。

您能为我们提供一个现实生活中的实例，说明该如何开始过"有目标的生活"吗？

苏德·海格（Sudheer Gogte）博士在我开设的白金心理辅导大师课程（Platinum Master Mind）上学习，他是位成功的心脏病学家，一直在努力找到自己的人生目标。我建议他再做一次书中的练习，回顾自己的一生，并回答我的问题：我什么时候最有满足感？

他回忆起三次最令他快乐和满足的经历。第一次是和祖父一起在印度生活的岁月，其次是他和自己的孙子们一起玩耍的时光，第三次是他在帆船上度假的体验。当我问他这三次经历的共同点时，他说这些经历都让他享受自由的感觉。

我注意到他这三次经历都与自己的医生职业毫无关系，便请他告诉我，作为医生，最令他满足的经历是什么？他所描述的事件都是他无偿地或者在比其他医生收费更低的情况下，为病人服务。他和我分享了自己的一次经历：有一次在办公室，他花了比平时长得多的时间去鼓励一位患者的家人，患者家人担心接下来的心脏手术会使这个家庭失去父亲。当我们进一步审视他的生活时，明显发现他很少把时间花在自己身上。他总是随叫随到，经常工作到很晚，日程排得很满，

很少或几乎没有时间照顾自己。我问他为什么会这样？他回答说，如果自己不去照顾病人，他们可能会死。问题变得很明显：他只照顾病人却从不关心自己，从某种意义上讲，他自己就要死了。

为了说明这一点，我询问苏德，在以下情况下他会怎么做："有位病人找你做手术。如果你给他做手术，你就会死。如果你不给他做手术，他就会死。您和病人之间一定要有人失去生命，你会怎么做？"他静静地思考了很长时间，最后说道："我宁愿选择活着，也不愿自己去死。为了救别人而自杀毫无意义。"这就是他生命中的一个转折点。他后来告诉我，虽然他仍然想为他人服务，但是现在他知道他有权利照顾自己——他的头脑、他的身体和他的需要。现在，这位心脏病学家对自己内心想做的事情，赋予更高的价值，而并非别人想做的事情。

通过这两个练习，苏德如此描述他的人生目标：为世界上的人们带来快乐、同情、幸福和自由，并在此过程中使自己拥有同样的体验。

在您看来，我们怎样才能创造更有意义、
更快乐的生活呢？

我对这个问题的回答很简单：找到一种服务他人的方式。

早在 2004 年，我因对世界的重要贡献获得美国成就学院（Academy of Achievement）颁发的荣誉。肯·贝林（Ken Behring）在活动上致辞，他是《通往目标之路：一个人的旅程给数百万人带来希望，并在途中找到目标》一书的作者，也曾获此殊荣。他在讲话中告诉我们，他的生活曾经历四个阶段。第一阶段是关于各种"东西"。他觉得如果自己拥有了合适的东西，就会很高兴。于是他买了房子、汽车、船、飞机——各种常见的玩具。然而，他并不快乐。

他把自己生命的第二阶段描述为获得"更好的东西"。他觉得如果拥有更好的房子、更好的汽车、更大的飞机等等，他会更快乐。所以他买了这些东西，但他还是不开心。后来他想，也许自己把注意力放在了错误的东西上，于是他开始了人生的第三阶段，他称之为"不同的东西"。这时，他和合伙人一起买下了西雅图海鹰队。他想如果自己成为职业橄榄球队的老板之一，一定会感到很高兴。但事实却并非如此，他到底该怎么办呢？

就在这个时候，一位朋友邀请肯乘坐他的私人飞机前往欧洲，并把轮椅送给那些天生肢体残疾，或者因为踩到地雷而失去双腿的孩子。肯接受了邀请。他说，给这些孩子带来希望和自由是他有生以来第一次真正感到快乐。回国后，他创办了轮椅基金会（Wheelchair Foundation），该基金会现在已经向世界各地的儿童和成人捐赠了750000多辆轮椅。

肯向我们讲述了他早期捐赠轮椅的一次旅行。那时他在墨西哥，他抱起一个11岁的男孩，轻轻地把他放在轮椅上，当他转身给另一个孩子拿轮椅的时候，那个男孩却不肯放开他的腿。肯转过身来面对着他，男孩泪流满面地说："请先别走。我想记住您的脸，当我们在天堂相遇时，我就能再次感谢您。"肯说，那一刻他体验到了真正的快乐。他后来告诉我们："当我看到轮椅上的人眼中流露出的幸福时，我觉得这就是我此生最伟大的成就。"据我所知，为别人做贡献是让生活充满真正爱和快乐的最快捷方式。

我们如何确认自己人生的使命，
为什么这件事很重要？

我相信使命和愿景应该源自生活的目标。尽管我们拥有与生俱来的人生目标，我们必须选择如何在这个世界上将自己的人生目标表达出来。为了实现目标，我们希望取得什么成就？我们希望通过怎样的途径和方式来实现目标？我曾教导大家，使命往往是无法实现的东西，它却是你向世界承诺做出贡献的概括性陈述。而另一方面，人们的愿景反而更为具体，能够以可计量的方式加以表达。

您能分享一下自己的愿景，
为我们举个例子吗？
您如何跟踪并衡量自己取得的进步？

下面这些就是我的愿景：

通过鼓舞人心、为他人赋能的出版物、广播、电视、电影、产品、演讲、研讨会、培训和慈善活动，对十亿人的生活产生积极的影响。

通过提供高质量的产品和服务（包括故事、书籍、音频和视频节目、演讲、研讨会、培训、辅导和咨询），激励包括员工在内的大众，并为他们赋能，让他们能在充满爱和欢乐的环境中，实现对生活的最高愿景。我们通过聚焦那些能够拓展认知、增加爱、减少仇恨和偏狭的故事、准则和技巧，帮助人们建立自尊和自信、增强自我表达、改善关系、促进合作、提高巅峰绩效；我们要为个人、团体和组织赋能，使他们实现自己的梦想和目标。

在跟踪个人目标方面，我知道自己正走在实现自身使命和愿景的道路上。因为已经有 1.5 亿人读到了我的书，我出席奥普拉、拉里·金、蒙特尔、今日秀和两个 PBS 特别节目，又让另外的 5000 万人对我有所了解。此外，通过我在电影《秘密》中扮演的角色，又有6000 多万人认识了我。就在去年，中国安徽出版集团还签约出版几乎全部《心灵鸡汤》的中文和英文版本，其中还包括面向学校的特刊，以中英双语的方式出版，成为英语教学的教科书。仅此项计划，就有可能惠及 5 亿人！

为什么当我们致力于自己的人生目标时，会感到最幸福、最满足？

因为当我们与自己的人生目标保持一致时，就会与自身独特的天赋产生深入的联结。我们所做的事情就是此生应该做的事，所扮演的角色也是生来就应该扮演的角色。

我开始明白，每个人生来就能通过一种正确的方式，了解什么才符合自身的最高利益。我们必须调整自身的感受，如果没感受到爱、快乐、和平和安全，那就是大自然用自己的方式提醒我们已偏离了轨道。

我们怎样才能找到对自己有益的事情，并做出伟大的决定呢？

这与我们多数西方人所接受的教育有很大差异，许多人很难认同这一观念。然而，我的生活经历却证明这种理念一直都是正确的。每当我追求令自己快乐和热爱的事物时，我就会取得成功。如果我做的某件事只是因为自己应该去做，或是感觉能赚很多钱时，这件事情就并没有那么成功。

什么是"吸引力法则"？

关于这个话题，我写了一整本书，书名是《杰克·坎菲尔德谈生活在吸引力法则中的关键》(*Jack Canfield's Key to Living the Law of Attraction*)。在书中，我解释了吸引力法则是宇宙中最强大的定律。而且它就像重力一样，无论你是否能意识到，它总会起作用。简而言之，吸引力法则告诉我们无论你关注什么，你都会把它吸引到自己的生活中。你将精力和注意力放在什么东西上，就会像磁铁一样把它吸引过来。这意味着无论你在想什么、说什么、读什么，在看电视，在听收音机，担心什么、幻想什么、强烈感受到什么，你都会把更多的讯息吸引进入你的生活。因此，如果你把注意力集中在生活中所有美好的、积极的事情上，就会自然而然地把更多美好、积极的东西吸引到自己身上。同样，如果你关注的是匮乏和消极，你也会吸引它们。

我们如何运用"吸引力法则"来提升我们的生活?

运用吸引力法则的关键是不断关注、谈论、想象并期望得到你真正想要的东西——而不是与愿望相反的事物。为了能从吸引力法则中获益,你必须停止谈论你并不想要的现实情况,你需要做两件事:(1)欣赏并庆祝你已经拥有的东西;(2)关注、谈论、相信、想象、肯定并期待你想得到的东西正朝你走来。持续关注你的愿景。把你的目光和交流都聚焦与自己心怀感激的事情上,聚焦在你正在创造的东西上。

激活"吸引力定律"的步骤是什么?

花些时间弄清楚自己在生活的各个方面究竟想得到什么,不要担心你将如何得到它们,不要让自己的思维受限。然后描绘出一幅生动而完整的"理想场景",当你真正拥有它们的时候,将会是什么样子?周围有什么声音?你有什么感觉?在生活的每个领域中都这样描绘你的理想愿景:你的工作和职业、财务状况、身体健康、人际关系、兴趣和娱乐、个人精神的成长以及你希望对世界做出的贡献。

然后,你需要创建一块视觉板,它可以是一本愿景图册或一张屏保画面,其中要包含愿景已经实现时的视觉图像。你每天花点时间

闭上眼睛，想象着每个理想的场景都已经实现。最重要的是要用心感受，如果你已经实现了这个目标或愿望时，你将拥有的感觉。

接下来，你要向宇宙发出自己的请求。请相信你现在正在吸引那些实现愿景所需要的创意、人员、资源、金钱和机会。放松下来，相信现在就是最完美的时机，相信一切正在发生。你还要去寻找证据，证实自己的信念——你的愿望正在实现之中。你会觉察到那些灵感、念头和机会开始进入你的意识。请关注它们！

下一步，对那些你已接收到的充满创意的、甚至有几分冲动的想法，你要采取相应的行动。这里会涉及两种行为，一种是显而易见的行为，另一种是受到启发的行为。例如，如果你想成为一名医生，最显而易见的行为就是要学习解剖学、生物学和生物化学，申请进入医学院等等。但另一方面，受到启发的行为来自你的直觉，它可能来自冥想之中，或是你突然感到某种冲动，而你却深信这么做是正确的。举个例子，有天下午，你有一种强烈的冲动，想要带一些饼干送给住在街对面的老妇人，她在你小时候对你很好，于是你就这么做了。当她邀请你到她家做客时，她把你介绍给自己的侄子，而这位先生恰好是哈佛医学院的院长。

最后，为了能在生活中充分利用吸引力法则，无论你想吸引什么，你必须与内心想吸引的东西产生同频振动。这意味着要创造并保持一种情绪状态，它要与你真正获得自己关注的东西时，将体验到的情绪状态相匹配。如果你的目标是变得富有，你现在就需要专注于富足的感觉。你可以通过珍惜已经拥有的一切，并不断找到更多值得你心怀感激的东西来体验这种感受；你还可以通过慷慨地对待自己已经拥有的东西，来体验富足的感受。最重要的是，你能通过思考那些令你感到富足的念头，并在当下就感受富足来做到这一点。

如果你的愿望是吸引灵魂伴侣走进你的生活，就要开始对你已经享有的关系感到快乐，表现得好像你已经被爱慕和崇拜一般。你要宠爱自己，给自己买花，清理你的公寓，就好像你在期待伴侣来陪伴一样。你可以通过原谅以往受到的伤害，并对经历过的美好感情心怀感激，来结束以往的关系。放下过去带给你的怨恨、愧疚或者伤害，感谢你从以往恋人身上学到的经验，这样你就可以摆脱过去，并在实际生活中保持积极状态，对未来充满希望。

最能启发您的名言或哲理是什么？

"我只是上帝手中的一支铅笔。"

——特蕾莎修女

"我总是在做我不能做的事情，这样我就能学会如何去做。"

——巴勃罗·毕加索

很多人都想改变这个世界。
我们应该从哪里开始呢？

我的建议是从你现在所处的状态开始。我一直以来最喜欢的一句话就说明了这一点：

"拒绝恐惧，以灵感、力量、希望和想象力做出回应……我们的工

作在本质上与以往一般无二；以我们能做到的各种方式去爱，去连接，去服务，去关心他人，尽我们所能去代表、并创造出完整性。"

——大卫·斯宾格勒

拥有爱和智慧的人生

约翰·德马蒂尼　博士

哲学家

爱自己是爱他人的前提，实际上，这两者的关系密不可分。

约翰·德马蒂尼博士（Dr. John Demartini）是人类行为学专家、教育家、作家，也是私人研究和教育机构德马蒂尼研究所的创始人。该研究所致力于为个人和组织赋能，并关注微观和宏观社会动能转换问题。他知识渊博，有长达36年的研究经验，涉猎心理学、哲学、神学、神经病学和生理学等200多个不同领域，研读过28000多篇论文。在他撰写的40多本书中，有些书很畅销，例如《突破性体验：实现个人转变的革命性新方法》《数算主恩》《如何赚大钱并依然上天堂》《爱心》《60天便可拥有精彩生活》《内在财富》《感恩效应》和最近出版的《从压力到成功》。

德马蒂尼博士出生于德克萨斯州的休斯敦，他家里有两个孩子。七岁时，他被告知患有学习障碍症，今后将无法读书写字，也无法与人交流。十四岁时，他从高中辍学，在街上靠乞讨为生。十七岁时，他险些死于"士的宁"（strychnine）药物中毒。此后，他决心成为一名教师、治疗师和周游世界的哲学家。这个决定彻底改变了他的人生。

德马蒂尼博士在担任电视节目主持人的时候，曾邀请到许多知名人士参加自己的节目，如斯蒂芬·科维（Stephen Covey）、唐纳德·贝克博士（Dr. Donald Beck）、莱斯·布朗（Les Brown）、马克·维克多·汉森（Mark Victor Hansen）、迪帕克·乔普拉（Deepak Chopra）、韦恩·代尔（Wayne Dyer）、帕奇·亚当斯博士（Dr. PatchAdams）等。他曾在 3000 多个广播和电视访谈节目中担任嘉宾，其中包括美国有线新闻网的"拉里·金直播秀"和哥伦比亚广播公司的"早间新闻"。德玛蒂尼博士还在世界热门电影《秘密》中同时扮演了颇有个性的哲学家和教师的角色。他是现今人类行为学、哲学和个体转变研究领域中具有开创性的人物。德玛蒂尼博士致力于拓展人类在所有市场和社会领域中的意识和潜能。他在全球范围内分享自己的研究与发现成果，一年到头穿梭于世界各地，到访国家多达 56 个。他发明了"德马蒂尼方法®"，这是一种全新的、具有革命性的人类改造和赋能工具，被全世界许多心理学家、职业和私人教练、社会工作者和健康专业人士广泛使用。

德玛蒂尼的办公室位于美国德克萨斯州休斯敦的威廉姆斯大厦（Williams Tower）的 52 层，他所居住的社区名为"世界"（The World），非常适合经常进行环球旅行的人居住。

> ### 您是如何开始的？怎样的早期经历
> ### 将您塑造成今天的样子？

17 岁时，我遇到了保罗·C·布拉格（Paul C.Bragg），是他唤醒了我成为一名教师、治疗师和哲学家的人生理想，是他帮我发现了鼓

舞人心的人生使命，使我相信自己将拥有美好的人生前景。

18 岁时，我克服了多重学习障碍，终于有机会阅读了哥特弗里德·W·莱布尼茨（Gottfried W.Leibniz）写的《谈形而上学》（*Discourse on Metaphysics*）。通过阅读这本书，我了解到他所谓的"神圣的秩序"。他相信很少有人能一览宇宙的壮丽，但对那些真正做到这一点的人来说，他们的生命因此被永远改变了。这个鼓舞人心的理念让我热泪盈眶，也成了我 36 年来的研究主题。我希望能深入了解属于我的那个隐秘的"秩序"，也能帮助其他人找到属于他们的"秩序"。

于是，我开始探索宇宙法则以及人类行为的方方面面，尤其是人类潜能和心灵治疗领域。我全身心地投入到了自己的人生愿景中，在此过程中无论经历痛苦还是快乐，我都会持之以恒。因此，我相信自己已经创造了鼓舞人心的机会，并能像今天这样体验这个世界的美好。

您认为找到人生目标的最好方法是什么？

先花些时间来确定你生命中最珍视什么，并决心为此安排自己的生活：当生活与自己的核心价值观保持一致时，你的生活才更具同步性，也才更有意义。

你会有更多满足感，感受到更强的激励，生活也因此更有目标。你看似轻而易举地获得各种成功，这是因为你将要做的事正是你爱做的事，你也会热爱自己将要做的事。

我在许多著作中与人分享了"德马蒂尼价值确定法™"。通过这种方法就能明确什么才是对你而言最重要的东西，什么才是你最应优先考虑的问题，或者说你最重视什么，这些正是目标背后最主要的激励因素。在你生命中的某个特定时刻，请问你自己"我的人生目标是什么"，问题的答案其实就在你所做的事情、谈论的话题、投入时间和精力的方式以及你的生活方式中。这一切的精华所在，就能反映出什么对你最有价值。通过问自己一些非常具体、并且能够决定价值的问题，你就能洞察到什么东西对你最重要。这是人们构建个人生活的关键方式，它会使你的生活更有意义和成就感，如果能把它融入你的职业生涯，将会带给你一个激励人心的生活目标。

您认为什么是真正幸福的秘诀？

不要总是一门心思去寻找幸福，要珍惜你现在拥有的一切。在那些被称为"幸福"的瞬间之外，还有源于持久而强烈的感恩与爱的满足感。真正的成就感往往来自某个特定时刻，我们从中意识到生命本身是如此恢宏而壮美。生命中的光与影，美好与邪恶，快乐与悲伤之间总会存在某种平衡。当你热爱并欣赏这世界本来的样子，拥抱生活赐予你的那些既互补又对立的平衡感，你就能感受到更多的爱，心中就会有更多的感恩。

您如何定义真正的成功？

真正的"成功"或者我所谓的"成就感"，就是设定的目标与自

己真正的核心价值观相一致，对生活给予你的一切充满感恩。无论你是一无所有，光脚生活在海滩上，还是腰缠万贯，被一切身外之物所包围，当你知道自己的生活符合你自己定义的"成功"愿景时，你就真正成功了。把自己和你想象中的人比较，或者同那些拥有更多的人相比较，可能会分散你对自身成功的注意力。

如何使我们自己的愿景变得更清晰？

你的生活质量取决于向自己提问的质量。如果你想让愿景变得更清晰，明智的做法就是问一些自己能切实做到的问题。问题的关键要明确和具体，尽可能深入探究你内心真正想在某个领域完成的事情，这样你就能触及个人愿景的核心。从你明确知道的答案和细节开始，不断询问自己还特别想完成什么。反复阅读和提炼问题，直到你感觉自己内心笃定并深受鼓舞。确保自己的愿景和核心价值观之间，以及愿景的不同组成部分之间保持一致。确保你愿景的某一方面不与其他方面产生矛盾。你生命的活力，将直接与你愿景的活力息息相关。

什么是"价值层级"？为什么这很重要？

简单地说，你的"价值层级"就是将价值重要性从高到低排列的顺序表，换句话说，就是从你此生最重视到最不重视的事物一览表。为了帮助人们弄清他们的价值层级，我开发了由 12 个问题组成的系列问题清单（德马蒂尼的价值确定法™），相关的答案能让你根据自己的生活表现了解你最看重什么。你可能会相信自己对某件事的重视程度超过其它事情，但你的生活本身才是你实际价值观的真实体现。

在组成生活的七个领域中，你的核心价值观往往会在其中一个或多个领域中体现出来：精神、智慧、职业、经济、家庭、社会和身体。根据我的经验，大约 75% 的男性倾向于重视智慧、经济和职业，而大约 75% 的女性倾向于关注家庭、社会和身体。大约有 25% 的男性会关注女性普遍关心的领域，反之亦然。

有时候，恐惧会阻止你有意识地按自己的优先顺序生活，甚至会使自己确信你并不知道想在生活中做些什么。一旦你摆脱了恐惧的禁锢，你就会不断创造一种更积极、更真实的生活。在那种生活中，你热爱自己所做的事情，并且从事着自己热爱的工作。通过提出能平衡感知的正确问题，你就可以彻底驱散这些恐惧。

为什么我们需要使自己的价值观与目标保持一致？

你最看重的领域就是你在生活中最专注、最自律、最可靠、最热情、最精力充沛的领域。每当你设定与自身核心价值观相一致的目标时，就增加了实现这些目标的可能性，因为在那些最能激励你的领域中，你的创造力和毅力也最为强大。

自我形象对我们的生活有多重要? 我们如何改善自我形象?

我们最终得到的,都是内心感觉自己理应得到的东西,不多也不少。外在世界就是你内心世界的反映。当你提高自身的价值感时,你允许自己接受更多的东西,设定更大的目标,并且在生活的各个方面拓展自己的感知力和影响力。当你重视自己的时候,世界也会重视你。道理就是这么简单!

我们为什么需要描绘人生蓝图, 如何制定实现它的计划?

当你对那些真正想做的事做好周密计划,并对它们全神贯注时,你就能获得成功。如果在行动之前,你能在脑海中看到自己想要的结果,那就更有可能实现它。同样,如果你没有比自己现实需求更伟大的事业,你就很难超越自己。你的事业越伟大,你潜在的成就和财富就越可观。如果你的目标明确而清晰,就会有更多的人愿意支持你的事业,加入你的事业,投资你的事业。

创造更多财富并明智地管理金钱的秘密之一,就是你要拥有一项能让金钱流入其中的伟大事业。所有拥有巨额财富的人或者财富基金,都建立在伟大的事业之上。你一定要保证自己拥有伟大的事业和精心准备的计划。请记住,如果你未能做好计划,你就是计划着去遭遇失败；如果你可以花些时间详细描述出自己想要实现的梦想，你就更有可能梦想成真。

如何在实现目标的过程中保持正确的方向和势头？您对此有什么建议吗？

确保你的目标与自己的核心价值观保持一致，你就更有可能在正确的轨道上前进，并且充满动力。同时，你也要确保自己设定的目标是可以实现的，而且这个目标要建立在稳定的现实基础上。期望值越高，一旦失败，你的失望就越大。这并不是说拥有雄心壮志有什么不好，但它们必须以周密的计划、坚定的战略和有条不紊的行动作为支撑。我们需要克服任何可能提前出现的障碍。有些人正在从事或已经做成过你想做的事情，从他们那里获得指导或教诲是明智的。你制定的计划细节越翔实，遇到障碍的可能性就越小，成功的概率也就越大。

什么是形象化和自我肯定？

你如何看待自己？你对自己说了些什么？这是塑造你本人并决定你在这个世界将获得什么成就的两大因素。因此，形象化和自我肯定是你掌握塑造现实生活方法的有益工具。自从有人类历史以来，它们就被广泛应用于生活的各个领域，并成为使人获得成功的强大工具。清晰且具有一致性的愿景，简洁而鼓舞人心的陈述，将给你带来惊人的结果。

实现我们目标的最大障碍是什么？

当你设定的目标与真正的核心价值观不一致，而你对自己想获得什么、何时能获得它抱有不切实际的期望时，你就很难获得成功。你可以调整自己的目标以符合自己的价值观，或者调整你的价值观以符合个人目标。否则，那些不切实际的期望就会给你带来令人沮丧的结果，并造成你在生活中情绪不稳定。

阻止我们追寻梦想和愿景的
七种常见恐惧是什么？

有七种恐惧会阻止你实现梦想，甚至毁掉你的生活：

1. 害怕破坏某些所谓神圣的道德或伦理。

   （我不想被别人当成坏人，或者下地狱。）

2. 害怕没有足够的智慧与能力。

   （我不够聪明，我没有资格证书或者学位。）

3. 害怕失败。

   （我可能做不到。）

4. 害怕损失钱财，或者不赚钱。

   （我可能会破产，我无法赚到维持生活的钱。）

5. 害怕失去所爱的人。

   （我的父母可能会和我断绝关系，我的爱人可能会离我而去，或者我的孩子可能会恨我。)

　6.害怕被社会排斥。

　　（我害怕得不到他人的认可或不能融入其中，人们也不想和我

　　在一起。）

　7.害怕没有足够的身体保障。

　　（我不够高，不够强壮，也不够漂亮。我没有体力做这些事。）

为什么内在平衡是重要的，我们如何实现它？

　　所谓内在平衡，不仅是在日常生活、焦点事件以及关键领域活动中找到一种平衡，也是能够欣然接受对立面，并保持内在的平衡。这种感觉既存在于你自身之中，也存在于你周围世界之中。想要创造这样一种内在的平衡状态，明智的做法是向自己提出那些改变你对日常生活认知方式的问题，而这些问题能帮你找到自己的核心所在。例如："失业"带来的好处和坏处一样多，它有可能促使你去实现长期追求的目标。如果你只关注失业带来的损失，而不考虑随之而来的机遇，就会导致情绪上的不平衡，并由此产生惰性。当我们学会同时欣赏事物的两面时，就会创造一种内在的平衡，并对实际存在的机会心存感激。

我们应该如何分配自己每一周、
每一天的精力和时间？

　　让你的长期目标与核心价值观保持一致，同时优先考虑实现自己

的短期目标，并在日常活动中使用"待办事项清单"，这些方法可以激发你的活力，进而取得惊人的成效。在电脑上创建或打印出自己的每日活动清单，清单要包括那些优先采取的行动，这种办法是非常有效的。人们已经证实，只要简单地写下所有行动步骤，完成一项划去一项，就能使每天的成就最大化。当你按照清单的顺序从前到后，而不是从后到前完成工作时，你就能提升自身的价值感。通过按优先顺序排列每日的工作任务，你也可以帮助其他人明确他们应该做什么。通过清晰的文字描述，并告知他人你的优先事项，就能保证你所授权的最重要的任务得以完成。如果你不把委派的任务按优先顺序排列，你的员工们往往会先做最简单的事情，可能会将最重要的事情放在最后完成，有时甚至根本不去完成。只要他们完成了最优先级的任务，即使没有完成清单上的全部工作，至少也能保障完成了最重要的项目。

"心灵"和"头脑"有什么区别？

当你以平衡的视角保持一致性地表达意见时，你的头脑和心灵都会行动起来。尽管你的头脑很聪明，但如果没有心灵相伴，它就会遗漏一些信息。但当你用感恩的心表达自身的感激之情时，你的语言就会顺畅地流淌出来，你会将内心深处受到的启发与灵感传达给他人，并影响他人，同时也会使你自己的生活更和谐。

当你的头脑与心灵不同步时，不仅身体上会感到有压力和不健康，生活上也会出现不适感。这里的秘密就是要和谐地生活，使你的行动、思想和感觉共同努力，创造一种轻松的氛围。这其中的关键就

是要从心灵出发，智慧地表达自己、享受生活。

我们如何提高沟通技巧？

某些人好像知道如何坦率地说出心里话，并与他人有效沟通。他们能鼓励大家一起工作，彼此尊重，并展开强有力的合作。一些富有洞察力并且能够鼓舞人心的人，将成为重要社会运动的领袖，或者大公司的领导者；有些人的公众影响力稍弱，但他们在社区、家庭、友谊和浪漫的伴侣之间却能发挥魔力。这些人成功的秘诀就在于他们将自己的核心价值观与他人进行交流。他们能把自己正在传达的信息，与其他当事人或团队最关心的重要内容相联系。最大限度地提升沟通技巧，关键在于花时间了解你的听众，并真诚地将最能鼓舞人心的信息与他们的核心价值观相联系。当你这么做的时候，就会出现神奇的人际关系。

为什么处于感恩的状态是重要的，
我们如何培养这种状态？

以欣赏或感恩的状态去生活，这不仅是取得成就的秘密，也是避免出现精力不集中和陷入茫然若失状态的关键。当你对自己所处的状态、所做的事情、所拥有的一切心怀感恩之心时，生命就会充盈着更多活力。请你每天都停下来思考一下，有哪些事情值得你心怀感激。让感恩生活成为自己的目标，对自己经历的一切心怀感激。

有人说宽恕是最伟大的疗愈，
您相信这句话吗？
如果相信，为什么？

实际上，对宽恕的假想需求是建立在不完整的意识之上，或者是建立在一种自以为是的错觉之上。这种错觉让我们感觉别人是不好的，或是错误的，然后通过评判和宽恕去宣判他们是有罪还是无辜。道歉也是以同样虚幻的形式对自己进行不明智地评判。无论你如何判断，宽恕和道歉都必然会使你的判断永久地保留下来。唯有真实和完整的意识和热爱，才能超越这些虚幻的状态。最终，这世界上没什么可原谅的，也没什么可致歉的。当有人对你做出某些事的时候，明智的做法是问问你自己是否做过同样的或者类似的事情，以及这件事对你有什么影响。一直问自己这两个问题，直到最初激动的情绪逐渐平复下来。这将使你做出平静的判断，并使你的心灵直面真相，直面那些隐秘的"秩序"和永远存在的爱。

人该如何敞开心灵，迎接更多的和平与爱？

爱自己也是爱别人的先决条件。这两者实际上是密不可分的。你在别人身上看到的一切，其实都是你内心真实存在的反映，尽管你可能因为过分的谦卑或者骄傲而不愿承认这一点。如果你爱自己的一切，那么你更有可能去爱别人，这是因为你提升了自己的预期条件和期望值。你认识到每个人都会以自己的方式表现出许多人性特征。任何存在的特征都会以某种方式发挥作用，否则它早就消亡了。它并非是发生在你身上的事情，而是你个人的感知。

爱就是一切。爱是互补与对立的综合体。它包括和平与战争，善良与邪恶，兴起与衰落，喜悦与悲伤，以及所有其它存在正反两面的对立物。我们生活的世界既混乱又有序，而这两者都构成了爱的普遍形式。当我们欣赏这种平衡的真理，并对存在及不存在的东西心怀感激时，我们的头脑将变得平衡，心灵也会面向生命的丰盈而敞开。

我们怎样才能提高自尊和自信呢？

把注意力集中在你已经有自信的生活领域，将进一步提升你的自我形象。你在生活的某个方面已经很自信了，但由于你会与他人比较，并强加给自己不切实际的期望，导致你可能正在将这种信心最小化。你感到自信的领域正是那些符合你核心价值观的领域。当我们认同那些自己有信心的领域时，就会放弃匮乏的幻想，并拥有更多精力去发展自己一直具备优势的领域。

什么是同步性？

当机遇与准备相遇，当你按照自己的核心价值观生活，并专注于最能激励自己的目标时，宇宙似乎为你清扫出一条行动之路，并为你带来了完成使命和实现愿景所需要的人物、地方、事情、想法或事

件。同步性也会通过不断变化的、互补的对立面被揭示出来，那些互补的对立面每天都会同时出现。

> 您相信每次挫折和障碍都是一种
> 变相的祝福吗？
> 如果是，为什么？

李小龙年轻的时候曾在香港街头遭到殴打，他发誓不会再让这种事发生，最终成为世界上最伟大的功夫之王。雷·查尔斯（Ray Charles）、史蒂夫·旺德（Stevie Wonder）和何塞·费利恰诺（Jose Feliciano）都是盲人，但他们却成了音乐天才。保罗·布拉格（Paul Bragg）几乎死于肺病，结果却创建了健康食品商店，成为世界上呼吸和生命健康事业最重要的支持者。伟大的导演马丁·斯科塞斯（Martin Scorsese）小时候患有哮喘，被关在阁楼的房间里，他通过如照相机镜头一般大小的窗户观察外面的世界。为了打发时间，他想象下面的那些人都发生了什么故事。纳尔逊·曼德拉（Nelson Mandela）被监禁了28年，他利用这段时间进一步提升自身的智慧和理解力，最后成为自由和种族和谐的象征，成为整个国家的领袖。

利与弊、正与反的两面，一直保持着完美的平衡。你走得更深入、更遥远，就能抵达更高的境界，拥有更深的洞察力。那些伟大的大师们早年的生活都充满了挑战和所谓的艰辛，这正是他们展示自己能力，成就自己伟业的时候。那些经历成就了他们的价值观，而挑战也变成了他们的机遇。

疗愈身体、情感、心理和精神层面
创伤的秘密是什么?

感恩和爱是生命中最伟大的两个提升健康的因素。没有任何事物比这两种能打开心扉的疗愈法更强大。无论为了治愈生活中的何种问题,你都可以把注意力转移到生活中令你感激的事情上来。生活中任何你没有表达谢意的事情,最终都会使你的生活状态下降,直到你说出那句"谢谢"。

当你体验到被称为恐惧、内疚和不平衡的情绪状态时,你就会产生疾病。这就是人体的美丽和奇妙之处:身体会尽其所能地向你显示出哪里不平衡。它正在通过各种迹象和症状向你提供反馈,揭穿生命处于平衡状态的谎言,并令你亲眼见证不平衡。疾病并不可怕,它其实是一种基本的指南。心灵与身体的连接将共同发挥作用,帮助人们在对爱的探索和理解中获得成长。

我们怎样才能更好地应付现代生活中的
压力并达到平衡呢?

压力是你试图按照别人的价值观和优先次序,而不是你自己的价值观和优先次序来生活的一种信号。当你所做的事情与自己的核心价值观相联系时,你就不太可能感到压力。当你在做自己喜欢的事情,并且喜欢你做的事情时,有什么需要平衡的呢?压力是指无法适应不

断变化的环境。当你固执已见、无法做出明智判断、并对自己或他人抱有不切实际的期望时，你会更容易感到压力。

为什么每天给自己留出一些安静的时间对于恢复身心活力很重要？

天才们取得的一些最伟大成就，恰恰诞生在沉思静默的时刻。这就是冥想的价值。冥想常被误解为是某种复杂的或困难的仪式。冥想可以有复杂的仪式，也可以很简单。只要花一些时间，不管多么短暂，让自己安住在宁静之中，让头脑停止为琐事烦恼。你可以在午餐或晚餐之前，或者之后坐下来，甚至躺下进行冥想。找时间进行这样的冥想至关重要，你只需在这段时间保持沉默，一言不发。静默冥想就能显现出疗愈的功效。

赚取金钱与精神追求两者不相容吗？

精神需要物质来表达自己，而物质需要精神来赋予它动力和意义。今天世界上存在的一些最有影响力的宗教，从资产和来自捐赠或收购的流动资本方面考虑，也是最富有的。

有些人武断地把精神和物质区分开来，但你可能会问这样的问题：在哪儿找不到上帝或者精神的存在呢？你看到有人在冥想或祈祷，也许会想"这是一种精神活动"，然后当你看到其他人在用钱买东西的时候，又会认为："嗯，这显然是一种物质活动。"但冥想者可能正在为获得个人利益而祈祷，购物者可能正在快乐地为所爱的人买礼物。如果你知道到底发生了什么，就可能完全改变自己最初的看法。

如果你深入调查你所谓的物质活动，可能会发现它们在本质上是精神活动。如果你调查自己所认为的精神活动，你可能会发现它涉及物质目标。精神和物质彼此并不冲突，它们是密不可分的。

藏在每个人心里的七种宝藏是什么？

1. 灵感与真理——你的灵性宝藏

2. 创造力与天才——你的精神宝藏

3. 成就与服务——你的职业宝藏

4. 财富与贡献——你的金融宝藏

5. 爱与亲密——你的家庭宝藏

6. 权力与领导力——你的社会宝藏

7. 活力与力量——你的身体宝藏

您能推荐一些帮助我们更好生活的工具和技巧吗？

阅读关于这个主题的书籍，抓住每次机会与那些能帮助你对自己的使命和愿景负责的人产生连接。当你身边围绕着合适的人物、地点和信息资源时，你就更有可能发现自己的生活安排得很有组织性、也

更加真实。最重要的是要安排好自己的生活，并让生活更具方向性和确定性。要对自己生活的各个方面进行优化，坚持做那些真正重要的事情，并学会授权给他人，让别人也能提供服务。当你把时间花在高优先级别的事项上时，生活就不会被那些低层级的事项轻易填满。盯住你生活中 25% 的活动，它们将给你带来 75% 想要的结果。

您能分享自己在拥有成功、幸福生活的过程中，接受过的一次严厉教训吗？

30 多年前，当我开始演讲的时候，我要求用"爱心捐赠"的方式来交换我的服务。晚上当我发现"捐赠箱"里空空如也时，我意识到如果连我自己都不重视自己，别人也不会。这次经历让我真正学会了尊重自己。于是，我不再让观众自由选择是否做"爱心捐赠"，而是开始收取固定费用。一旦我重视自己的价值，世界也会重视我。我越认为自己有价值，世界也越认同我的价值。

全身心地投入你所做的一切工作之中。我最满意的人是那些受到鼓舞、热爱自己工作的人。他们的工作就像传教士一样，他们把自己的精神和灵感投入到所有与他们相遇之人的互动中，并且得到了令人满意的回报。

如果您能重新开始生活，您会做什么不同的事情吗？

如果我改变以往生活的任何一个方面，我都不会成为今天的自己。我可以真诚地对自己的一生说声"谢谢"。我热爱自己的生活，这个过程中并没有什么错误。

最能启发您的至理名言是什么？

"了解你自己，做你自己，爱你自己。"

"无论你做了什么或是没做什么，你都值得被爱。"

"爱你所做的事，做你所爱的事。"

"你配得上拥有美好的生活。"

我们今天做些什么，能立即改变自己的生活？

回顾一下过去，看看有没有让你感觉不完整的东西，问问你自己，那个人、那个地方或那次经历如何为你服务，而你的行为又是如何为别人服务的。当你改变自己对这些事件的看法时，就可能放下过往的情感包袱，活在当下。这将立刻改变你的生活方式以及你对未来的看法。无论你做过什么或者没做什么，你都值得被爱。一天、一

周、一个月、一年或五年后，你可能就会在那些挑战中发现隐藏的机会。在我们尚未变老之前，为什么不通过审视当下，发现每件事情的实际影响，并且拥有岁月给予我们的智慧呢？

您是否每天都要有个仪式，让自己保持积极和坚强的生活态度？

我有一本感恩日记，每天要增加内容，并且要通读一遍。这本日记不仅记录了到当日为止令我心怀感恩的事情，也记录了我对未来的愿景。这本日记令我心怀感激，一旦有内容更新，就会让我回到这个无比美好的当下。

在这个世界上很多人都想做出改变，他们应该从哪里开始呢？

当你按照自己的核心价值观生活，并充分发挥自己的个性时，你就能做出真正有意义的改变。当你做着自己热爱的事情，并且热爱自己所做的事情，你就成为自己希望在这个世上看到的那个变化。世界原本就是如此宏伟壮观，除了热爱，其他一切都是虚幻。爱是所有互补对立面的综合体和同步器。在你生命的尽头，你可能会问自己这样一个简单的问题："我是否已经用自己拥有的一切，做出了全部贡献？"愿你的回答是："是的！"

轻松自在的幸福

马尔西·希莫夫

励志演说家

我相信每个人来到这个世上都有目的，只是有些人还没有发现他们的目的。我们来到这个世界上不仅仅是为了生存，更是为了繁荣发展，为了发挥我们最大的潜力。

马尔西·希莫夫（Marci Shimoff）是《纽约时报》畅销书《幸福不需要理由：从内向外快乐的七个步骤》（*Happy for No Reason:7 Steps to Happy From the Inside Out*）的作者，这本书为人们体验深刻而持久的幸福提供了革命性的方法。她也是史上最著名的自助类图书——《心灵鸡汤》的女性代言人；她为该系列撰写了六本畅销书，其中的《女性心灵鸡汤》和《妈妈的心灵鸡汤》取得了惊人的成功，在全球范围内以 33 种语言售出 1400 多万册，并连续 108 周荣登《纽约时报》畅销书排行榜。马尔西是有史以来最畅销的女性非虚构作家之一。

马尔西曾在全球知名电影及同名图书《秘密》中扮演讲师的角色，她也是 PBS 电视特别节目"幸福不需要理由"的主持人。

马尔西是一位著名的变革型领导人，也是幸福、成功和吸引力法则领域的知名专家。她通过分享个人成就和职业成功的突破性方法，激励了数百万人。她是自尊集团（Esteem Group）的总裁和联合创始人；她为公司、专业人士和非营利组织以及妇女协会提供有关自尊、自我赋能和最高绩效的主题演讲和研讨会。她是多家财富 500 强企业的顶级培训师，其中包括美国电话电报公司、通用汽车、西尔斯、凯泽公司和百时美施贵宝等企业。

作为成功和幸福方面的权威人士，马尔西经常被媒体问及她的见解和建议。她参加过 800 多场电视和广播节目，接受过全球 100 多家报刊的采访。她的作品曾出现在主要的女性杂志上，包括《女性家庭杂志》(*Ladies Home Journal*) 和《女性世界》(*Woman's World*)。

马尔西在加州大学洛杉矶分校获得 MBA 学位，并拥有压力管理顾问的高级证书。她是变革型领导委员会的创始成员和董事会成员，该委员会由 100 名高层领导组成，服务于自我发展市场上的 1000 多万人。

通过她的书和演讲，马尔西所传达的信息触动了全世界数百万人的心，并使他们重新振作起来。她致力于实现自己的人生目标，并帮助人们过上更有力量、更快乐的生活。

您是如何开始的？
怎样的早期经历将您塑造成今天的样子？

我很幸运，因为我年轻的时候就知道自己此生想做什么。13 岁的时候，我聆听了励志演讲家齐格·齐格勒（Zig Ziglar）的精彩演讲。那是 1971 年，我想他是第一位，也许是当时唯一的那个领域的演讲家。当我看着他走过舞台并激励观众时，我知道那就是我此生的使命：成为一名职业演说家。于是我进入大学，获得了培训和发展领域的 MBA 学位。此后，我讲授企业压力管理、沟通技巧和领导力方面

的培训课程。

在我职业生涯的下一个阶段,我有幸遇到了自尊领域的专家杰克·坎菲尔德(Jack Canfield),我在他的带领下教授自尊课程。杰克后来写了第一本《心灵鸡汤》,而我萌发了出版《女性心灵鸡汤》的想法,就与杰克和马克·维克多·汉森(Mark Victor Hansen)一起写了这本书。这本书成为《心灵鸡汤》系列中的第一本专为女性撰写的书籍。在出版后的第一周,它就在《纽约时报》畅销书排行榜上跃居第一位。我又写了另外五本《心灵鸡汤》,还有一本《幸福不需要理由》,这些书的累计销售量超过 1400 多万册。

我从很小的时候就知道自己的使命是激励世界各地的人们,让他们有可能过上最高品质的生活。所以我很清楚"我要做什么?",但我并不知道"我应该怎么做?"。我一直以为成为演说家就能做到这点,但出于偶然的机会,我最终成为畅销书作家,并通过这些书接触到了更多人。

您觉得真正幸福的秘诀是什么?

真正幸福的第一个秘诀是知道幸福是可以实现的。幸福不仅是可能的,而且是我们与生俱来的权利和本质所在。每个人都可以"不需要任何理由地感到幸福",我把它定义为一种不依赖于外部环境的平和、幸福的状态。这种平和与幸福是一种自然的状态,但不幸的是我们大多数人并没有生活在这种状态中。我们认为幸福来自从外界获得的东西,并已经开始寻找幸福的感觉。我相信我们的人生目标和终极目的，是消除障碍并体验那种最真实的、不需要任何理由的幸福本质。幸福并不是你从外部获得的东西，而是源自你内心的体验。

"在幸福中生活"和"为幸福而生活"有什么区别？

你可以说那些感到"无缘由的幸福"的人就是在幸福中生活的人。他们拥有的平和与幸福的感觉并不取决于外部环境。这并不意味着他们一直都很快乐，也不意味着他们每天 24 小时都在傻笑。那些感到"无缘由的幸福"的人仍然要面临生活中的各种挑战，他们有时可能会感到悲伤或沮丧。只是无论生活中发生了什么，他们的内心仍然能感到平静和幸福。

另一方面，那些试图从他们的生活经历中获得幸福的人则是为了幸福而生活的人。这种类型的幸福是短暂的，稍纵即逝，并不像能够从内部体验到的深刻幸福那样令人满足。当你毫无理由地感到幸福时，你不会试图从生活经历中提取快乐，而是把你的快乐带到生活中。你的内心已经很充实了，而外在所发生的一切都只是锦上添花。

作为幸福研究的一部分，您采访过 100 位杰出人物。请问他们拥有哪些共同的特征？

我把那次百人采访称作"幸福 100 人"。通过观察他们的生活，

我发现与那些不快乐的人相比，他们有着完全不同的习惯。我在他们身上发现了 21 种关键特质，任何人都能通过练习来提高自己的幸福水平。他们的一些共同特质是：轻松感、扩展感、充沛的活力、开放性，以及对生活的好奇心和热情。你会感觉在他们身边更有活力。即使面对巨大的困难，他们也会对自己的幸运表达感激之情。他们全情投入，完完全全生活在"当下"。

> **请问最新的科学研究在实际层面上，
> 向我们展示了哪些有关幸福的信息？**

多好的问题啊！近来对幸福的科学研究非常精彩。科学真实地破解了幸福的密码。在所有关于幸福的研究中，我认为最令人兴奋的发现是我们每个人都拥有一个"幸福设定点"。无论外面发生了什么，是好是坏，你的幸福水平都会回到那个幸福设定点，除非你有意识地去改变它。这个设定点 50% 由你的基因决定，10% 由你的环境决定，40% 由你的思维习惯和行为习惯决定。通过改变这些习惯，你就能提高自己的幸福设定点！

有人认为幸福可以像任何其他习惯一样被训练，这是一种革命性的理念。正如你可以通过改变自己的习惯（选择更好的食物，多去健身房）来塑造你的身体一样，你也可以通过养成新的习惯，塑造自己的"幸福状态"。

即使拥有令人满意的事业、
金钱或者完美的伴侣，许多人仍然感到空虚，
为什么会这样？

这是因为我们相信两个误解："拥有更多"的误解和"当……的时候，我就会幸福"的误解。"拥有更多"的误解让我们相信，当我们拥有更多东西的时候，我们就会更幸福。而"当……的时候，我就会幸福"的误解会让我们感觉未来会更幸福。这样的例子有很多，比如：当我得到一份更好的工作时，我会很幸福；当我丈夫改变自己时，我会很幸福；当我把自己嫁出去了，就会很幸福；当我减掉20磅体重时，我会很幸福…… 这当然也是很多人的愿望。

研究显示，这两种误解都不是真的。你难道没见过许多事业有成，拥有财富、美好的伴侣，却依然感到不幸福的人吗？只要看看好莱坞的情况，就会打消那种误解，就不会误以为成功、名望和金钱就是幸福的关键。这些误解建立在一种错误的信念之上，以为幸福来自我们的外部，源自于我们必须获得的东西。然而决定我们幸福状态的并非是外部环境，而是我们的幸福设定点。

什么是"幸福强盗"？
我们如何避免和消灭他们？

主要的"幸福强盗"来自于陷入陈旧的受害者模式中，它会导致我们反复将同样的情况吸引到自己身上。例如你经常看到这样的事情，一位女性反复陷入同样的不幸婚姻之中。虽然她面对的是不同的人，却总是面临着相同的问题。来自这种受害者状态最常见的旧习惯是抱怨、责备和产生羞耻感。

抱怨、自怨自艾、试图博取同情、成为"殉道士"或"过度奉献者"，这些情形都意味着我们成为自己举办的"同情派对"上的嘉宾。而抱怨就像是在宇宙中为我们并不想要的东西下订单！

为自己的痛苦和问题寻找借口或者责怪他人，只会使我们成为弱者。当我们这样做的时候，就是放弃了自己的力量，也就失去了处理这种情况所需要的能量，因为我们将一切问题指向了他人。

"感到羞愧"是一位微妙的"幸福强盗"。当我们把责任推到自己身上，为发生在自己身上的事情感到羞愧，或者为我们做过（或没做过）的事情感到内疚时，我们常常试图压抑痛苦，或将这些不舒服的感觉深埋在心底。这会消耗大量的能量，并阻碍我们的幸福。

你可以通过以下三个步骤将自己从"幸福强盗"手中解救出来：

1. 专注于解决方案。

2. 找寻可以吸取的经验教训。

3. 与自己和睦相处。

有位日本科学家曾做过一个关于思想力量的实验，您能为我们介绍一下吗？

"思想的力量"是由日本的江本正（Masaru Emoto）博士领导的研究项目。他从同一处水源取水，把水分别装入两个罐子。然后，他让一群人把感恩和感激的念头集中在一个罐子里，把仇恨、愤怒和绝望的念头集中在另一个罐子里。然后他把两个罐子里的水都冷冻起来，从每个罐子中分离出冰晶，然后再用高速摄影技术给冰晶拍照。最后发现这两个罐子中的水差异很大。暴露在正面、积极思想下的水晶体呈现出美丽的、对称的形状；暴露在愤怒中的水晶体则显出丑陋的、扭曲的和令人感觉不安的形状。如果考虑到我们身体的 80% 是由水组成的，你就能意识到尽量用积极的思想包围自己有多么重要。

您曾说过，如果我们认识到并非所有的想法都是真实的，我们就会感到幸福快乐。请您解释一下这句话。

没错，这非常重要。我们每天大约会有 60000 个念头；对大多数人来说，其中 80% 的想法是消极的。我们已经在大脑中创造了这些负面的神经通路，这些神经通路会变成深沟。那些陈旧的思维模式就像我们在雪地里留下的足迹。我们将继续沿着相同的足迹前进，因为它们原本就在那里，这要比新开辟道路容易。但这并不意味着它们的方

向正确。我们不能仅仅因为脑海中长期存在这些念头，就认为它们是真实的。因此，对我们的意识发出质疑是很重要的。通过各种技巧和工具，你就能对这些习惯性的、消极的模式发出质疑。

以下是一些很棒的技巧：

1. 拜伦·凯蒂（Byron Katie）在她的著作《转念作业》（*The Work*）中描述的方法是一种非常简单、有效的工具，可以用来质疑你的思想和判断。

2.《塞多纳方法》（*The Sedona Method*）一书可以帮助你克服惯性思维。该书的基本理念是：你的思想和感觉都不是事实，它们也不是真实的你自己。

3. 情绪自由技术（EFT）是一种心理治疗的医学替代工具，其理论基础是：负面情绪是由身体能量场的紊乱引起的，当你被负面情绪困扰时，轻轻拍打能量经络，就能改变身体的能量场，从而恢复平衡。

> 您的研究表明最幸福的人是那些
> 找到并实现自己目标的人。
> 为什么会这样，我们怎样才能做到呢？

我相信我们每个人来到这个星球都有目的——有些人只是还没发现自己的目的是什么。我们来到这里不仅仅是为了生存，也是为了繁荣发展，为了发挥我们最大的潜力。要做到这一点，我们每个人都需要找到自己的激情所在，并努力追随它们。你可以采用非常有效的技巧做到这一点。例如，珍妮特·阿特伍德（Janet Attwood）和克里斯·阿特伍德（Chris Attwood）在他们的著作《激情测试》（*The Passion Test*）中提供了一种简单而有效的方法，帮助你确定自己的激情所在，并实现梦想中的生活。

我最伟大的导师之一就是我父亲。他是我见过的最幸福的人，每天早上醒来都会面带微笑。他对自己的牙医事业充满热情，一直工作到 72 岁才退休。许多人退休后并不长寿，这并不仅因为他们年纪大了，还因为他们失去了生活的目标感。我爸爸可不是这种人：他分析了自己喜欢当牙医的原因，意识到他喜欢用双手从事与艺术有关的工作。所以在 72 岁的时候，他做起了针线活儿，并因精美的创作而获奖。直到 91 岁去世，他一直都在做针线活。你的激情可能会随着时间的推移而改变，但无论在任何年纪，充满激情地生活都是幸福的关键。

您如何区分工作、职业和内心的呼唤？

工作就是你为了支付账单而做的事。这可能并非你真正喜欢的事情，而是你为了生存而必须做的事情。可悲的是，大多数人都只是在工作。事业是能够利用你的才华，并在一定程度上给你带来成就感的东西，它比工作更好些。但是，人生终极的使命却是听从于内心的召唤。

这种召唤是来自你内心的声音，它引导你走向自己的人生使命或者更高级的目标。尽管许多人说他们听不到这种召唤，因而不知道它

究竟是什么，但事实上我们都有自己的使命召唤。当你倾听内心的声音时，你的使命召唤就会变得更加清晰。

我们都有一种内在的引导系统，它通过发出扩张或收缩的感觉，告诉我们现在是在正确的轨道上前进，还是偏离了轨道。当你有种收缩感，感觉被关闭或者封闭时，问问自己："我是不是走错方向了？"当你有扩张感，有那种振奋和开放的感觉时，你正在朝着正确的方向前进。

好的生活习惯如何能带来快乐的生活？

幸福快乐不仅是一种精神状态，它也是一种身体状态。事实上，我们的身体就是为了支持我们的快乐而设计的。著名的神经生理学家（Candace Pert）博士在她最畅销的著作《情感分子》（*Molecules of Emotions*）中记录了这种身体——心灵——幸福的联系。她解释说，当我们快乐的时候，我们充满活力，身体和大脑中都充满了"快乐的汁液"，那些正是构成我们积极体验的化学物质。

没有什么药物比你大脑中已经存在的物质更为强大！每秒有超过100000次化学反应在你的大脑中发生。你的大脑含有纯天然的快乐增强剂，它的作用堪称是名副其实的药典：内啡肽是大脑的止痛药，它的功效是吗啡的三倍！血清素能自然地起到镇定焦虑和缓解抑郁的作用；多巴胺能提高人体的警觉和对快乐的感受。还有很多其他物质，它们只是在等待合适的条件，就能释放到你身体的每个器官和细胞。因为你的大脑药房每天24小时开放，能在任何时间为你提供所需的快乐化学物质。

大量研究表明唱歌、听轻松的音乐、抚摸宠物、接受按摩、享受长时间的拥抱、园艺等日常活动，都将提升我们的幸福感。即使是微笑，都能提高我们的幸福水平！

您曾说过幸福快乐对我们的健康有好处。如何证明这是真的呢？

让我们来看一些关于幸福和健康的有趣的统计数据：

快乐的人患感冒的可能性要比普通人低 35%；面对流感时，他们产生的抗体要比普通人多 50%。在幸福和乐观方面得分较高的人患心血管疾病、高血压和感染的风险较低。

幽默感是内心幸福的一种标志。幽默的人要比没有幽默感的人更长寿；对于癌症患者来说，有幽默感的人生存概率更高。有研究表明，幽默感能使癌症患者过早死亡的概率降低约 70%。

这些仅仅是证明快乐能改善我们的健康状态，并延长寿命的几个例子。

为什么大多数人在日常生活中很难感到快乐？

这是因为我们拥有一些制造压力和减少自身能量的坏习惯。看看我们的生活就知道了。我们大多数人就像服用了过量咖啡因的蜜蜂一样忙忙碌碌，疯狂地处理几件事情，甚至一边赶路一边吃饭。我们紧

张的生活方式（包括不健康的饮食、缺乏锻炼和适当的休息）阻碍了我们创造快乐细胞的能力。

压力是个巨大的"幸福强盗"，它消耗着我们的健康。科学证据表明 90% 的疾病与压力有关。我们中有许多人生活在重压之下，筋疲力尽。然而我们却忽视自己的症状，整天满负荷工作。我们会服用药物来减轻痛苦，却没有解决更深层次的问题。

我们每天还会暴露在环境产生的毒素之中：加工食品中的化学物质、农产品中的杀虫剂、肉类和牛奶中的激素和抗生素，以及被污染的空气和水。许多这些外来因素都会积聚在我们的人体系统中，并对健康造成不利影响。我们需要拥有能够抵抗压力，并在细胞中创造快乐的习惯。

您得到过的最好的建议是什么？

我曾经问过我的父亲："爸爸，您能给我一生最好的建议是什么？"

他转向我说了四个字："高兴就好。"

我看着他说："您说着很容易，因为您天生就是这样，但我可不是。我该怎么办呢？"

他又简单地回复道："亲爱的，我不知道。"

虽然爸爸并不知道我怎样才能体验到更多幸福，但他知道这是生活中的头等大事。在过去的 30 年里，我一直在寻找这个问题的答案：我怎么才能更幸福，一个人怎么做才会更幸福？在这个过程中，我自己的幸福水平大大提高了。如果你能认真考虑这个问题，你的幸福感也会大幅提升。

在你生命的尽头，会问自己这样一个问题："我此生过得幸福吗?"那才是最重要的问题。

维克多·弗兰克博士是谁?
他的经历是如何鼓舞并帮助到您的?

我第一次听说维克多·弗兰克（Viktor Frankl）那些改变生命的理念是在高中的时候，当时英语老师让我们班的学生阅读他的书《寻找意义的人》（*Man's Search for Meaning*）。弗兰克是一位大屠杀的幸存者，他以难以置信的文笔描述他和其他人是如何忍受纳粹集中营里的暴行，并摆脱绝望的。我起初并不愿意读这本书，担心自己会被他的描述吓到，但随着我的阅读，书中的每一页都让我感到振奋，并带给我越来越多的灵感。他意识到无论他本人和周围的人遭遇了什么，他都能选择用爱去面对一切，当他意识到这点的时候，就迎来了人生伟大的转折点。

既然维克多·弗兰克能在最糟糕的情况下找到意义，甚至体验到真爱，那么我必须相信，我们每天都能找到勇气来改变自己对生活中所发生事情的反应。正如他的名字所告诉我们的那样：他是最后的胜利者!（注：Viktor 中文含义是"胜利"）

有哪些意义非凡的格言,激励了您的生活?

有两句我特别喜欢的格言:一句是斯里·罗摩克里希那(Sri Ramakrishna)说的:"恩典之风总是在吹,但你必须扬起风帆。"另一句美妙的格言是爱因斯坦(Albert Einstein)说的:"你只有两种方式过完此生。一种方式就好像人生完全没有奇迹。另一种方式就好像一切都是奇迹。"

您是否拥有一项每天都要进行的仪式,来让自己保持积极和坚强?

我有很多仪式。我相信我的习惯或者日常仪式能让我充满快乐和满足。我的一些日常习惯包括,每天以感恩的心醒来,锻炼、冥想、吃健康的食物、喝大量的水。当我早早入睡的时候,第二天的感觉就会大不相同。可能的时候,我会在大自然中呼吸新鲜的空气;我唱歌,活动身体;我听从自己的内心呼唤去做事;在任何情况下,我都会努力从中有所收获。最重要的是,我要让自己被其它快乐的人们所包围。

为什么培养感恩之情很重要?

养成感恩的习惯是通往幸福的捷径。你所感激的事情,也会心存感恩。根据吸引力法则，你所关注的事物会在你的生活中变得更强大。你所感激的事物，正是你将吸引到的东西。所以，想要生活得更幸福，最快捷的方式就是把注意力集中在你所有心怀感激的事情上。

谁是您心目中最伟大的老师或者英雄？为什么？

那一定是我的父亲，他是真正有爱心的、善良的人。他是我"幸福无需理由"的第一榜样。

您对理想世界的愿景是什么？

我脑海中有这样一个世界：每个人都能从自己的心灵和灵魂深处感受爱、快乐和幸福。那是一个所有人都生活在和平状态中的世界。我们每个人都可以通过成为快乐的自己，从而改变这个世界；正如这句中国谚语所表达的：修身、齐家、治国、平天下。

如果灵魂中有光，人就是美好的。

如果人是美好的，家庭就是和谐的。

如果家庭是和谐的，国家就是有序的。

如果国家是有序的，世界就是和平的。

很多人都希望世界变得更美好，
他们该从哪里开始呢？

用圣雄甘地（Mahatma Gandhi）那句美好而不朽的话来说，"在这世上，成为你想看到的改变。"从哪里开始？今天就朝着这个方向迈出你的第一步——不是明天，而是今天。我们从改变自己开始，这就是我们改变世界的方式。一旦你开始练习幸福的习惯，就会发现自己的幸福水平在上升。你会在很短的时间内，看到自己和周围的人都变得更加幸福。你也将成为那道为他人指明道路的光芒。

我认识的那些真正幸福的人，所做出的贡献远比他们做的事情更伟大。斯图尔特·埃默里（Stewart Emery）为他的著作《持久的成功》（*Success Built to Last*）采访那些拥有持久成功和幸福的人士，他发现这些人的人生目标并不是名声、财富或权力。那些拥有这些目标的人往往生活得空虚而不快乐。真正幸福的人生活得充满激情，他们为更伟大的事业做出有意义的贡献。奥普拉·温弗瑞（Oprah Winfrey）曾经说过："我从来没有追求过金钱，我只是说，'上帝，请使用我！告诉我如何做我自己，成为我想成为的人，去做我能做的事。并将它用于比我自己更伟大的目标。'"

幸福是我们的本质。我希望每个人都能体验到一种"无缘无故的幸福"，就像雪莉·塞萨尔（Shirley Cesar）描述的那种永恒的快乐："我所拥有的幸福，并不是这个世界给我的，这个世界也不能把它带走。"

灵性化的科学

弗雷德·艾伦·沃尔夫
量子物理学家

我把生活看成一种巨浪，我们要么学会冲浪，要么就会被它卷走。

弗雷德·艾伦·沃尔夫（Fred Alan Wolf）博士是一位物理学家、作家和演讲家。他在量子物理和人类意识领域发表了大量具有真知灼见的学术著作，使他在上述领域成就斐然。沃尔夫博士因简化了现代物理学而广受尊敬。他的著作《量子飞跃》（Taking the Quantum Leap）荣获知名的国家科学图书奖。沃尔夫对物理学世界的痴迷始于童年的一个下午，他在当地的一场演出中，看到了世界上第一颗原子弹爆炸的新闻画面，领略到其中的巨大威力。正是这种对物理学的痴迷，沃尔夫最终选择学习数学和物理。沃尔夫撰写了16本书，创作了许多音频CD作品，其中包括他的一些最新作品。如：《时空旅行中的瑜伽》（The Yoga of Time Travel）、《量子博士的大哲小书》（Dr.Quantum's Little Book of Big Ideas），以及音频CD系列：《量子博士的礼物：自助的时间旅行》（Dr.Quantum Presents：Do-it-Yourself Time Travel）、《量子博士礼物：你的宇宙世界的用户指南》（Dr. Quantum Presents A User's Guide to Your Universe）、《量子博士的礼物：认识真正的创造者：你自己》（Dr.Quantum Presents：Meet the Real Greator You）。

沃尔夫曾是圣地亚哥州立大学（San Diego State University）的物

理学教授，他目前在世界各地演讲、讲学并从事研究。他是"发现频道"（Discovery Channel）"知识地带"（The Know Zone）节目的常驻物理学家，也是美国和海外许多电台访谈和电视节目的常客。他还出现在美国公共电视网（PBS）系列节目"接近真相"中以及 2003 年电影《星际迷航 4 之时空旅行：可能的艺术》（Star Trek IV on Disc 2 Time Travel：The Art of the Possible）的特殊收藏版之中。您也可以在由奥斯卡奖得主马利·马特林（Marlee Matlin）主演，风之王公司制作的长篇故事片《我们究竟知道些什么！？》（What The Bleep Do We Know!?）、故事片《秘密》（The Secret）和《在兔子洞里面》（Down the Rabbit Hole）和其他几部电影中看到他的身影。

在学术领域，沃尔夫曾在圣地亚哥州立大学（San Diego State University）、巴黎大学（University of Paris）、耶路撒冷希伯来大学（Hebrew University of Jerusalem）、伦敦大学（University of London）的伯克贝克学院（Birkbeck College）以及许多其他高等教育机构中授课。沃尔夫因其在技术论文和通俗著作领域做出的贡献而闻名于世，他仍经常应邀到企业和媒体进行演讲并担任顾问。

您是如何开始的？
怎样的早期经历塑造了今天的您？

当我还是个孩子的时候，我对魔术很感兴趣，就是那种由伟大的舞台魔术师表演的魔术。那时我有些口吃，于是我会在镜子前练习魔术来克服自己的语言障碍。我还进行呼吸练习，有位天才的语言教

师教我冥想。尽管当我还是个孩子的时候，人们并不会称之为冥想技术。

正是源于魔术和冥想这两种兴趣，一种被称为物理学的伟大魔术演出令我着迷。最吸引我注意的"戏法"是在我 10 岁那年从家乡芝加哥的新闻片中看到了发生在新墨西哥州的第一颗原子弹爆炸的场景。我很想知道这个"戏法"到底是怎么做到的，当我开始了解它时，才知道它被称为原子物理学。我想知道更多这种"戏法"，于是我大学本科学习物理，然后成为研究生并最终获得博士学位。我最大的愿望不仅是研究物理学，尤其是量子物理学的伟大奥秘，还包括能在观众面前表演这些"魔术戏法"。

通过写书、音视频授课、演电影、出书、制作音频和参加电视节目等方式，我踏上实现个人愿望的旅程。简单地说，我正在做自己想做的事情，它们带给我巨大的快乐。

您认为一个人找到人生目标的最好方法是什么？

我相信通过发现那些能给自己带来巨大快乐、同时又能为他人提供服务的行动方案，我们就能找到人生目标。这个过程需要信念和坚忍不拔的毅力，许多人根本不愿意付出努力。在我们的人生旅途中，常常会遇到绊脚石。对我们中的一些人来说，这种障碍是伟大的礼物，当我们克服它时，就能实现自己的愿望。而其他一些人可能会因此气馁，并彻底放弃。由于没有认识到这种绊脚石可能提供的机会，许多人退而求其次，更糟糕的是，他们因此放弃了自己的梦想。

您认为幸福的真正秘密是什么？

学会满足自己的愿望才是真正的秘密。拥有耐心去学习满足这些愿望所需的技能，会使你坚定地走上通往幸福的道路。当我正在学习，尤其是学习那些并不容易掌握的东西时，我会感到最幸福。当我投入这样的发现之旅，会感到由衷的快乐。如果你已经学得非常好，那些事情已经不再能吸引你的兴趣，你很容易就会变得不快乐。如果你感觉生活中已经没有更多的东西可学，自己也因此不快乐，那么解决这一问题的关键在于，要学会如何用你的才华去帮助别人掌握你所拥有的技能。

简单地说，什么是量子物理学？

量子物理学是所有基本物质和能量之间相互作用时，都必须遵循的物理学。所有与量子物理学有关的人都惊讶地发现，当任何相互作用发生时，基本物质并不遵循严格的因果规则，那些以往发生的事情并不一定必然导致接下来要发生的事情，或者未来可能发生的事情。

量子物理学真正令人惊异的事实是，观察者仅仅通过观察的行为就能扰乱物质宇宙，以及其中所有能被观察到的相互作用。这些行为被称为观察者效应。既然观察的发生需要思想，所以思想与物质并非相互独立。我们每个人创造自己的现实仅仅是因为那些现实取决于我

们的思想，以及大脑如何"看待"和解释周围的世界。这里最重要的不是对庞大物体的观察行为，而是当我们观察自己和他人行为举止的时候，大脑所涉及的观察行为。

量子物理学如何帮助我们拥有更幸福、更安宁的生活？

物质宇宙的观察者们能通过他们的观察行为改变这个物质宇宙，这一事实意味着通过运用自己的观察能力，你可以通过从不同的角度看待事物，来改变让你不快乐的情况。虽然观察者效应严格适用于精密的原子和亚原子相互作用的量子物理领域，它同样适用于人类的相互作用。我们在身体和思想上对所处环境的反应方式，正是受到自身在特定情况下思维和感觉的影响。

这种观察者效应可能在你选择对自己和他人的思考方式时，最为适用。如果以消极方式思考自己或他人，你就会开始改变并观察自己的行为，使之与你的思维方式相符合。因此，通过改变你的思维，就能改变你的行为，进而从本质上成为一个快乐的人，无论你的邻居离你多近或多远，你都能与他们和睦相处。所以说，感到安静平和只是你对自己感觉更快乐的自然结果。

您把生命的事件比喻为海洋中的巨浪，
请问理解量子物理学的原理，
如何能帮助我们生活得更好？

有意识的生命表现为意识海洋中的波浪起伏。意识的大海被称为心灵的量子场。它就像看不见的汪洋大海，能渗透进入一切。所以与其说我们是意识的容器，即意识作为个体的思想存在于不同的身体中，还不如更准确地说是意识的海洋包围着我们。这给了我们一种无时无刻不存在的感觉或者感悟，我们意识到没有一个人真正能与其他人分隔开来。它也为我们提供了信念，即使承载着"意识海洋"的躯体死亡之后，我们伟大的意识仍将继续存在。我称之为学会在心灵之海上冲浪，而不是作为受害者被海水席卷而去。

如何在实际生活中过得更幸福，
最新的科学研究能告诉我们什么呢？

真正的问题是：你认为自己是什么？你以为自己是谁？你能改变认为你自己是谁的观察者吗？量子物理学背后的全部理念就是，观察者能够影响被观察到的东西。因此，如果你在观察自己所谓的生活时，改变观察方式，你就能改变你所生活的现实。

下面是一个简单的例子。假设说你坐在那里，心里想着，"我太沮丧了，我觉得很难过，感觉很糟糕。"要改变这种体验，你只需做一

件简单的事情。你只需问问自己："谁在感到沮丧？"你并不需要回答这个问题。只提出问题却并不回答，就能改变你体内的化学反应。只要这样提问，你就能开始摆脱抑郁。然而，你必须坚持这样做一段时间，因为它并非自动驾驶，你也不能只打开一次开关，就希望幸福的洪流持续流淌进来。你必须坚持这样做，过一段时间，你会开始意识到那个说"我很沮丧"的人已经不是你了。

按照您的理解，现实的本质是什么？

在最基本的状态中，现实是非物质的，但它有能力投射出物质，并将思想分离为现实存在，两者都是对这种更深层现实的预测。我们所感知的现实似乎是从更深层、更神秘的事物中投射出来的。其本质奥秘在于我们思维的两条公理。他们是：第一，为什么这儿有东西存在，而并非一无所有？第二，万物中都有精神，万物同时都存在于这种精神之中。当我们对精神和物质的量子场有更多理解时，所有源自物质的精神对物理学家来说也就变得越来越明显。

这个想法就是，所有的人类经验都是从人的头脑中投射出来的。尽管我们感知到不同，但我们却是同一个"人"，只是我们出现在看似不同的地方和不同的时间。这些表象并不是对情况的真实描述，它们是少数人在非常罕见的时刻才能感知到的、更深层次的真相投射。

什么是意识？

没人能说出意识是什么，事实上，没人能说出任何东西是什么。这个动词"是"相当于数学中的等号或与等号相关。我可以说 x 是 5，或 x 等于 5，大多数人都知道我的意思。然而当我说："我是弗雷德·艾伦·沃尔夫时"我当然不是在说这就是我的全部。毕竟，"弗雷德·艾伦·沃尔夫"仅仅是一个名字，不过是用来说出这几个字时，空气和声带振动而已。一天又一天，一小时又一小时，一秒又一秒，"我是谁"和"我是什么"在发生着变化。我肯定不仅仅是一个名字、一种职业，或者特指是某个人的配偶。在量子物理学中，我们也不能说什么是电子、分子或任何基本粒子。我们只能说这些粒子发挥着什么作用，即它们在某些情况下的行为。除此之外，没有人真正知道这些东西是什么。

今天，我们相信所有基本粒子都是一种被称为量子场的潜在激发物，量子场充满了整个宇宙。每个粒子都有自己的场。例如，有夸克场、电子场和光子场。我们能有这张图片仅仅是因为我们能观察到支撑这些图片的物质。这些图片最多是种隐喻，提供给我们观察事物的简单文字图像。

量子物理世界与我们所看到的物理世界有何不同？

你可以这样考虑：你的计算机按照你的指令工作，当你按下一个按

钮或一个按键时，图像就会神奇地出现在屏幕上。然而，你在屏幕上看到的并不是在计算机微处理器中真正发生的事情。这就如同量子物理学和我们所看到的世界之间的关系。正如我们会在周围的世界中移动、思考、感觉或感知周围的一切，但内心之中正发生着一个心理物理学过程，尽管我们几乎没有意识到这个过程的存在。量子物理世界是一个看似矛盾而神秘的世界，普通的思想通常无法理解它。即便是物理学家也很难理解量子物理学，因为它的公理与我们的正常推理相违背。

您能解释一下"思想进入物质"的概念吗？

这句话的基本思想是，如果没有头脑去感知，物质本身就不可能存在。没有头脑，物质就不会表现为我们在日常生活中所感知到的固体物质。相反，物质将保持潜在的现实状态，但绝不会以实际粒子的状态存在。因此，物质必须进入心灵，才能被我们感知。

创造是如何在量子层面上发生的？

我们知道空旷宇宙的真空是相当不稳定的。它会随时爆发，非常迅速产生粒子和反粒子序列，这些序列会快速重组成空无的状态。这尤其会发生在最小的空间体积和最小的时间间隔之中，例如发生在每个原子的核子中。这些物质和反物质的爆发提供了必要的力，这些力将核子保持在一起，形成了被称为胶子场的力场。没有这个场，就不会形成真正的核子，没有核子就不会形成原子，这就意味着完全和彻底的混沌状态，也就没有宇宙。

您同意"我们的念头创造了我们的现实"这种说法吗？

不完全同意。问题是：我们所说的"创造"是什么意思？在量子物理学中，我们知道物质本身产生于量子场——这些场"创造"了我们称之为物质的粒子，就好像它们是由这个场激发而来的。如果我们承认这个量子场就是个意识场，那么我们可以说物质是由意识产生的。然而，如果说头脑也是以同样的方式创造思想，我们可能会错误地认为念头创造物质，但事实并非如此。如果我们所指的"创造"是指有了一个想法，然后由于这个想法而产生了一些适当的行动，我们就可以再次说是这个想法创造了我们行动的现实。所以，我们说"想法、行动和物质产生于意识领域"要比说"念头创造现实"更加准确。

在您看来，体现我们目标最好的、最实际的方法是什么？

通过学习如何更好地玩游戏，练习击中目标并培养良好的技巧。通常这意味着学习如何充分利用你的天赋技能。如果你仔细观察一名优秀的运动员，你会发现运动员的表现中，有大部分的技巧来自于练习、练习、再练习。在训练室里，练习就是运动员日常活动的一部

分。实现目标的方式很大程度上和一名运动员所做的一样，都是通过完善自己的技能才能实现。当我在写书的时候，我每天花几个小时工作、打字、思考并写下文字。我还要花几个小时检查自己都写了什么，甚至重写。一定要对练习有信心，它将永远不会让你失望。

请问意识和潜意识如何塑造了我们生活中的事件？

与宇宙创造物质和反物质的方式相同，在我们无意识的头脑中也会产生思想、念头和感觉。然而我们任性的、有意识的大脑会决定我们是否会相信无意识的头脑中所梦想的事情。以这种方式，自然界既具有创造性也具有破坏性。自然界倾向于去平衡积极和消极的思想和感觉，正如它会平衡物质和反物质一样。由于我们拥有自由意志，我们才能更多地关注一件事而不是另一件。因此，我们既是梦想家也是怀疑论者。这两者都存在于你的体内，你肯定也曾练习过更多地关注某一方面不是其他方面。这种做法就塑造了你对生活和世界的看法和观点。

您认为生活中的事情是随机发生的还是命中注定的？

这两种情况都是真实的。我认为生活就像是一种巨大的波浪，我们要么学着冲浪，要么被它推着前行。当你掌握了波浪的运动规律，你就可以成为一个更好的冲浪者，甚至可以掌控波浪推动你前行的方向。如果你对抗这股浪潮或忽视它的存在，就会感觉自己没有希望或无能为力，你可能会觉得生活是种随机的混乱状态。如果你学会熟练地冲浪，就会产生一种幻觉，以为自己正在控制波浪，从而觉得自己是位大师、伟大的商人或产生其他幻想。事实上，这两种状态都是错觉。

请问直觉是什么？

我把直觉定义为对未来可能性的感知能力，以及根据我们所感知到接下来可能发生的事情，做出选择的能力。我们都有直觉，没有这种"感觉"，我们也都不会出现在这里。经过数百万年的进化，我们得出了合乎逻辑的推论，对未来的感知能力给那些拥有这种能力的人带来了明显的生存优势。神经生理学也向我们表明，我们有能力感知近在眼前的未来。在特定时间和地点，意识本身也许并不能作为感知单个事件的点状能力而存在，但从时间和空间的窗口上观察，确实有一个意识场存在，而它绝非信息的单个像素。

观察生活中发生的事情会改变它们的结果，这是真的吗？

是真的，不过它并不是按照你想的那样发挥功效。有个叫三卡蒙特卡（3-card Monte）的游戏很流行，出牌的骗子会在小桌子后面，

把三张牌都面朝下扔在桌上，假设其中一张牌是红心皇后，另外两张是梅花 A 和黑桃 A。他会让你在牌上下注，选出红心皇后。他把牌给你看，然后将牌面朝下放在桌子上洗牌。他发牌的时候有窍门，哪张是红桃皇后并不明显。如果你观看这场比赛，可能会觉得自己也许能探测出哪张牌是红桃皇后……但如果你错了怎么办呢？ 在你脑海中这两种想法都存在，就像在真空中突然出现的反物质和物质。你原本可能会因为没有下赌注而退出。但另一个人走上前开始赌牌，他赢的次数比输的次数多。然后你开始对他进行观察，并发现自己做出的正确决定越来越多。现在你决定把钱放在桌子上参与赌牌。仅仅是观察另一个人玩这个游戏，就改变了你对它的看法，并最终采取了新的行动。当然问题是，有一个人参与了骗局，另外两人的出现就是为了让你参与下注。一旦你把钱都押上，那个出牌的骗子就会用狡猾的把戏来愚弄你。

重点在于观察者倾向于看到别人已经观察到的东西，并根据别人正在做的事情采取行动。因此，股票市场的涨跌，包括 2008-2009 年的经济衰退——正是基于我们所感知的信心水平。如果别人不买股票，那我为什么要买？如果别人不开一家新公司，我为什么要开呢？

请描述一下您对吸引力法则的看法。
相似的事物会彼此吸引吗？

不，从物理的观点来看这是不正确的。"相似的事物会彼此吸引"只反映了精神和物质宇宙运行方式的一个方面。我们不仅需要吸引定律，还需要排斥定律，否则一切都会崩塌。在某些恒星中，重力能克服电磁排斥，这种崩塌确实会发生，它们会形成很多黑洞或中子星。我们谁也不想住在那个地方。

在量子物理学中，我们发现同类物之间并不相互吸引。例如，同类电荷和同类的磁极互相排斥（正极排斥正极，负极排斥负极），而不同类的电荷和磁极相互吸引（正极吸引负极）。事实上，如果事物不在很短的距离内互相排斥，就不会有由各种不同事物组成的宇宙。即使是质子和中子（它们相互吸引产生强大的核力量）如果离得太近，也会相互排斥。因此，如果你随意使用这个比喻，你会发现作为一个圣人（+正极），你会吸引很多罪人（-负极）。

然而，在量子物理学中有个相当奇怪的例外情况，它与电荷、电流或磁力无关，却能同时对吸引和排斥产生影响。在这里，我们会发现某些相似的东西互相吸引，有些相似的东西却互相排斥。结果是，那些被称为光量子的光粒子相互吸引，而被称为电子的物质粒子却以特定的方式相互排斥。光子"喜欢"与具有同样量子物理结构的群体相处，而电子却"讨厌"与具有相同量子物理结构的群体相处。没有这两种特质，就不能形成原子，宇宙将无法运行，生命也就不可能存在。以这种奇怪的方式互相吸引的粒子叫作玻色子，互相排斥的粒子叫作费米子。

> ## 我们怎样才能开始过一种鼓舞人心的生活呢？

通过完整而充分地"呼吸"，并尽力带入我们的生命体系，我们

就能更充分地了解自己的能力，了解周围环境之外的世界。我每天这样做的时候，都能找到灵感。对我来说，如果一天没有学习新知识或者没有重温已经遗忘的东西，就是浪费了这一天的生命。如果这种日子太多，你就会失去灵感，在精神层面迫切需要呼吸新鲜空气。灵感也要求我们要学会"到期"的概念——放弃那些只会我们污染生活的废物。这也包括我们想在任何方面与他人比较时，感到低人一等的想法和感觉。

> **您是否有那么一句意义非凡的格言，**
> **来鼓舞您的生活？**

"划啊，划啊，划你的船，轻轻顺流而下，快乐而欢畅，生活只是梦一场。"

> **您是否有一个每天都要进行的仪式，**
> **让自己保持积极和坚强？**

是的，我确实有，而且这个仪式很简单。我生活在可能的最高意识状态之中。为了理解我是如何达到这种状态的，让我先给意识的三种状态贴上标签。大多数人都生活在第一种意识状态中：（1）普通意识状态：你想要一个苹果，所以必须努力工作挣钱才能得到它；（2）更高的意识状态：你想要一个苹果，有人来找你并送给你一个苹果；（3）最高的意识状态：你想要一个苹果，它马上就会出现。

　　有人曾经达到第三种状态吗？我知道自己已经达到第二种状态，因为有几次我想要一件东西，就有人给我带来了那件东西。然而，我确实不知道这是由于我内心真想要那件东西，还是因为我只预见到未来会有人把它带给我。也许可能是这种情况：当我收到这个东西时，这种行为使我在脑海中意识到，我曾经在无意中想得到它。

　　达到第二种状态的秘诀是，内心想要那些你已经拥有的东西，其余留给未知的意识，去满足对自己不曾拥有的东西的渴望。那么，无论何时出现第二种状态，对您而言都是一种乐趣。

　　现在让我们考虑一下第三种情况，可能实现的意识最高状态。我生活中的每件事都与我想做的事情有关（2），也与我在处于第一种状态时，采取适当行动为之努力的事情有关。因为我渴望这种朝着自己目标（2）努力，并对我生命中所珍视的事物（1）采取行动的状态，所以我每天都表现出自己想要的东西（3=1+2）。因此，我已经达到了最高的意识状态（3），我想要的东西会立刻出现在我的生活中。这种状态如此美好，以至于我甚至不需要去想它，不去渴望得到它，也不必希望它如此。它就是那样存在着，而我要做的就是成为"我"。

克服困难赢得人生

比尔·巴特曼

亿万富翁商务教练

自信是这世界上最强大的力量。

比尔·巴特曼（Bill Bartmann）是美国顶级企业家，他改变了人生中的个人悲剧境遇，由失败者、幸存者逆袭成为成功者的典范。14 岁那年，他无家可归，从高中辍学，沦为街头帮派的小混混。但他通过参加普通教育水平（GED）考试，进入了大学法学院，从而掌控了自己的人生。比尔是"亿万富翁商业教练"，他是唯一一位白手起家，并全身心致力于教导他人的亿万富翁。比尔是美国企业家中有重要影响的权威性人物，曾在 7 个不同行业创办了 7 个成功企业，其中包括价值 35 亿美元、拥有 3900 名雇员的国际公司。他最初的事业是靠 13000 美元贷款，从自家厨房的餐桌上开始的。

比尔·巴特曼曾被纳斯达克（NASDAQ）、今日美国（USA Today）、美林（Merrill Lynch）和考夫曼基金会（Kauffman Foundation）评为"年度国家企业家"。他的公司连续四年被《企业》(Inc. Magazine）杂志评为美国 500 家增长最快的公司之一。比尔获得了史密森学会（Smithsonian Institute）美国历史博物馆（Museum of American History）的永久职位，荣获美国成就学会（American Academy of Achievement）金奖，被认为是 21 世纪杰出的成功者之一。

如今他的足迹遍布世界各地，向公众讲述自己创造成功、应对挑战的故事。比尔曾凭借一己之力，对美国收藏行业进行变革和改善，广受赞誉。面对新的使命，他同样雄心勃勃：他要扭转美国的商业失败率。

数百万人在美国广播公司（ABC）、美国全国广播公司（NBC）、美国哥伦比亚广播公司（CBS）、福克斯新闻频道（FOXNEWS）、美国有线电视新闻网（CNN）和消费者新闻与商业频道（CNBC）上看到过比尔。谢泼德·史密斯（Shepard Smith）尼尔·卡沃托（Neil Cavuto）和多尼·多伊奇（Donny Deutsch）等人在电视栏目中对比尔的商业智慧进行过专题介绍。《福布斯》(Forbes)、《财富》(Fortune)、《企业》(Inc.)、《彭博商业周刊》(Bloomberg Business Week)、《纽约客》(The NewYorker)、《人物》(People)、《华尔街日报》(Wall Street Journal)、《美国新闻与世界报道》(US News & World Report)和《今日美国》(USAToday)等媒体都曾对比尔进行过报道。

> ## 您是如何开始的？
> ## 怎样的早年经历将您塑造成今天的样子？

说我出身卑微未免太轻描淡写了。我家有八个孩子，为了给家庭提供生活必需品，父亲是个看门人，母亲帮别人打扫房间。然而，我们家仍然没有足够的钱维持生活。我每月和父亲一起到政府的"食物救助计划"配送中心排队，等待领取分配的干豆、罐装肉、奶粉和加工奶酪。在我生命的前十四年里，我家曾搬进过八个不同的出租房，

其中有几次是被迫搬家，因为市政府判定我们当时住的房子根本不适合人类居住。

我十四岁时离开家，参加了一个嘉年华的巡演团队。在我十几岁的时候，就开始抽烟喝酒，并且成了帮会成员。我在高中待了五年半，却一直没能毕业。直到我十七岁报名参军时，才被诊断出患有听力缺陷。就在那年，我醉醺醺地从楼梯上摔了下来，最后瘫痪在医院的病床上。

最终，我的生活变好了。我获得普通教育水平考试学位（GED），考上了大学，进入法学院学习。当了五年律师之后，我决定转行。我应一家银行的要求接管了位于俄克拉荷马州的一家被止赎的油田管道制造厂，把它变成了每月收入数百万美元的企业。直到欧佩克大幅下调油价，我丢了生意，并欠下百万美元的债务，最终申请破产。

就在那时，我从另一个濒临破产的行业中看到了财务机会：被联邦政府收购的储蓄和贷款行业。我妻子凯西和我一起从这些失败的金融机构购买坏账，在自家餐桌上开始收集债务。我们很快就取得了成功，公司飞速发展。到 20 世纪 90 年代末，我们的公司拥有 3900 名员工，营业收入超过 10 亿美元，赢利超过 1.82 亿美元。

在当时的经济环境下，同样的机会又出现了。这一次我正在教导别人如何购买和收回坏账。我的使命就是"逆转美国的商业失败率"。

您认为找到人生目标的最好方法是什么？

为了找到你的人生目标，你必须问自己几个问题，并愿意诚实地回答它们。你真正想做什么？如果你没有意识到自己在生活中想做什么，那么你就不可能发现自己的目标。很多人会说："如果金钱不是目标，那你希望自己做什么？"你通常可以在任何能让自己兴奋的事情上，找到这个问题的答案，这件事就能为你的发动机充满电，能让你说出这句话："即使他们不付钱给我，我也会做这件事。"

除了问自己真正想做怎样的工作，你还需要决定自己希望拥有怎样的生活方式。此外，你对成功的定义是什么？你必须问自己这些问题，才能真正了解自己。这些问题的答案将帮助你发现自己最感兴趣的事情。你的人生目标源于你的激情，做那些能让你充满热情的事情，你就会成功。

记住，不要限制自己。拥有高度的自信对于实现你的梦想和目标非常重要。

不要担心如何实现你的目标，只要相信你能做到！当你追随自己的激情时，实现目标的方法就将随之而来。

您认为世界上最强大的力量是什么？

自信是世界上最强大的力量，所有其他的东西都源于这个力量。人类所知道的每项发明创造和有用之物，都源于那些创造者脑海中的

信念，他们相信能够创造这些东西，能够让事情发生。如果他们没有这种信念，就无法承受过程中的挫折，而挫折本身就是整个前进过程中的一部分。如果没有信念，他们在通往终点的道路上就会屈服于别人的嘲笑和怀疑。

自信是我们潜意识中所拥有的内在形象的表现，它关系到我们对自己完成某些任务的能力的感觉。这种内在的形象可以是积极的，也可以是消极的。如果你能看到我从你身上看到的品质，你就会看到一个聪明、强壮、专注、忠诚、有爱心的人。最重要的是，能完成为自己设定的任何目标的人。我所看到的你，有能力和才华去完成任何你想做的事。这种力量就存在于你的内心之中，并且一直都在。你之所以怀疑自己具备这种能力，因为你没有意识到这种力量。信不信由你，这是很正常的。世界上 99% 的人都怀疑自己的能力，这就是为什么历史上几乎所有的伟大成就，都是由其他 1% 的人完成的。

历史上有哪些人理解自信的力量？

以下这些人充分了解自信的力量：

亚历山大大大帝（Alexander the Great）相信他能征服世界。

克里斯托弗·哥伦布（Christopher Columbus）相信他能找到一条通往印度的新通道。

威尔伯·怀特（Wilbur Wright）和奥维尔·怀特（Orville Wright）兄弟相信他们能飞。

亚伯拉罕·林肯（Abraham Lincoln）相信他能成为美国总统。

亨利·福特（Henry Ford）相信他能创建世界上最大的公司。

雷·克罗克（Ray Kroc）相信他能卖出数十亿个汉堡。

比尔·盖茨（Bill Gates）相信他能成为世界上最富有的人。

我之所以选择这份成就者名单，是因为这些人并不比你或者地球上任何其他人更高大、更聪明、更漂亮、更年轻，或者在其他方面有什么不同。他们对自己拥有完全的、不受限制的自信。他们并不认为自己"可能"成功，或者"也许"会成功，或者"如果"发生了什么事情，他们就会成功，他们相信自己绝对会成功。这种信念是如此强烈，以至于他们每天的日常行为就好像成功是必然的，对他们来说，这只是时间问题。即使他们不知道怎么做，他们仍然知道自己会成功。他们的自信心如此强大，再多的逆境或挫折也无法阻止这些人继续追求。无论遭遇多么具有毁灭性的挫折，都不能阻止这些人相信，他们能实现自己的目标。

我们的自信心如何影响生活的结果？

让我举例说明我们的自信是如何影响结果的。当我是高中一年级学生时，我在体重98磅这个级别练习摔跤。作为摔跤训练的一部分，教练希望我们所有人都做举重练习。每个阶段都会做一些标准的举重训练，包括卧推练习。在卧推练习中，你要平躺在长凳上，把举重杆放低到胸部，然后伸展双臂把重量向上推起。在摔跤的赛季，我能举起125磅的重量。每次当我试图举起130磅时，都会失败，无法完成练习。我每次想尝试更大的重量时，都无法举起。

有一天，我在较低的重量级完成了热身锻炼，平躺在长凳上。这时我的一位摔跤伙伴正好路过，我让他帮我增加一些重量。我的举重杆上已经准备好了 100 磅的重量，我请他为我再加上 25 磅。他在我气喘吁吁，并没有注意的时候，故意加了 50 磅而不是 25 磅。当他告诉我重量合适的时候，我就开始推举了。尽管这比我以前能举起的重量整整高了 25 磅，我还是顺利而完美地举起来了！

那些额外的力量从何而来？它其实一直都在。我的头脑已经习惯于受自己体重的限制，这妨碍了我举起更高的重量。一旦我的头脑受到欺骗，认为杠铃上只有 125 磅时，尽管实际上有 150 磅，我还是举起了杠铃。

您如何定义"头脑"？

我们很难给"头脑"一个纯粹的公式化定义，因为这个术语向来有多种不同的使用方式。当人类意识到我们拥有头脑时，就开始用不同的方式提及头脑。像大脑、头脑、智力和灵魂这样的词语经常被交换着使用。有关这个词汇定义的争论已经持续了几个世纪，从亚里士多德（Aristotle）、柏拉图（Plato）和托马斯·穆尔（Thomas Moore）这样的哲学家，到弗洛伊德（Freud）和荣格（Jung）这样的精神病学家和心理学家。即使在今天，神经外科医生仍在与哲学家和神学家争论最正确的定义到底是什么。

无论头脑目前的定义是什么，我的初衷并非想为这个世纪问题找到答案，而是希望解释一下，头脑的强大功能是如何实现的。为了自身的目标，我们把大脑称为位于我们头盖骨内，由细胞和神经组成的生物块。我们将把头脑称为允许我们记忆并创造思想的物体（或者过程）。虽然头脑可能位于大脑内部，但它并不是大脑。它反而能影响大脑不同部分的化学和电学反应的过程，这将使我们能够启动和控制自己的身体功能。

您认为最容易被忽视的成功秘诀之一是什么？

实现目标最简单、也是最重要的秘诀之一，就是要把目标放在眼前。我们都听到过这样的说法："盯住奖品"或"保持专注"。在所有成功秘诀中，这是最容易被忽视、被低估，也最容易被误解的成功秘诀。通过强化实现目标、获得奖励的愿望，我们保持专注，让头脑帮助我们兑现承诺。

头脑是一种神奇而强大的装置。我们已经发现人脑有超过1000亿个神经细胞。一个人大脑皮层中突触的总数是10到15次方（10,000,000,000,000）个，大约是地球上人类的20万倍。虽然我们不完全理解它是如何工作的，但我们知道人类的思维比目前任何超级计算机都要复杂，而且比任何超级计算机都更快速、更高效。

我们如何才能将头脑用于创造性和
实用性的目标呢？

我们从以往的生活经历中了解到，如果我们专注于某件事情，并持续思考，最终一定会找到解决办法。这个解决方案并不是通过巫术或魔法而获得，而是当我们专注于一个特定的预期结果时，我们不断地向头脑发送重复信息，告诉它我们正在寻找一个特定的解决方案。最终，头脑会向我们展示出正在寻找的解决方案。

精神视觉（Mental vision）是人类在自己的脑海中显示并记录发生事件的能力，尽管此事尚未实际发生，但却好像已经发生了一样。在此过程中的声音、色彩和行动都可以与好莱坞的任何影片相媲美。

在一个目标真正实现之前，我们能够用自己的精神视觉来感受它的结果。当我们应用精神视觉的时候，会用成功的感觉轰炸你的各个感官。这种内部生成的数据对头脑的记忆库来说是真实的，并且将被作为真正发生的事件归档。因此，当头脑询问是否有能力实现目标时，这将成为我们的头脑能够回想起来的信息。

您曾提到许多伟大的运动员和商人
都把精神视觉当成他们日常生活的一部分。
您能为我们举个例子吗？

老虎伍兹（Tiger Woods）每次击球前都去使用这种技巧。在约翰·安德里萨尼（John Andrisani）的书《像老虎一样思考》（*Think Like Tiger*）中，老虎伍兹解释了他是如何在每次击球之前进行心理想象的。当他在练习挥杆的过程中，会在精神上注视着用球杆击球，然后球离开球杆头部的过程。他的精神视觉画面并没有就此结束，他不仅会继续想象球在空中的飞行轨迹，还会想象着球落地后将如何滚动。他只有在脑海中想象全过程的完整画面之后，才会真正击球。除非你的头脑了解你想要的结果是什么样子，否则它怎么能帮你实现呢？一旦你的潜意识能"看到"自己想要什么，它就会想出需要做些什么，帮你得到它。

为什么对自己诚实是生活中必须学习的最重要课程之一？

我认为对自己诚实是最重要的事。确保你所说的自己想要完成的事情，是你真正想要完成的事情，不要为了取悦他人来设定你自己的目标，要设定能取悦自己的目标。没错，让别人开心是件好事，为别人做好事也很不错。但是当你谈论自己的生活目标时，你需要满足的第一个人正是你自己。正如莎士比亚所说："对你自己是真实的，你对别人就不会是虚假的。"许多人终其一生都试图取悦他人，最终从未能令自己获得幸福。你的生活和你的存在就是你的一切，是你所拥有的全部，为什么要放弃它？恰恰相反，要实现你的目标，完成你对自己人生的承诺，然后再花时间、精力、金钱或任何必要的东西，去帮助那些你觉得有义务帮助的人。你可以将自己从成功中收获的东西

送给他们，但不要把自己的生活送给他们。

我们都知道有些少年棒球队联盟的男孩们在这里打球，并不是出于自己的意愿，而是为了让他们的父亲开心。我们也都清楚一些小女孩们上芭蕾课是为了让妈妈开心。我们也认识那些商人、律师和医生的子女们，在大学主修商业、法律和医学，然后去追求商业、法律，或医疗领域的职业发展，他们这么做就是为了取悦父母中的一方或双方，尽管他们更愿意从事其他行业。我们也都知道那些每周工作40多个小时的职业女性，她们其实更愿意在家抚养孩子。

我们的生命只有一次，为什么把大部分时间都花在追求一件事情上，然后却发现我们并不真正想要它？或者说其实我们可以做些不同的事情？这样做真是太可惜了，你浪费了自己拥有的、最宝贵的资源：你的存在！

请与我们分享一些关于
设定和实现目标的建议。

一旦你决定了你想要做什么、想成为什么人或实现什么目标，就必须以高度的明确性和特定性定义自己的承诺、目标，以及你想要完成的事情。目标定义越明确，就越容易实现。除非能清楚地识别目标，否则你就无法击中目标。童年玩过的那个"给驴子钉尾巴"的游戏说明，击中一个自己看不见的目标是多么困难。一旦打开眼罩，目标清晰可见，将尾巴固定在正确的位置就非常简单了。想要实现一个定义不清楚的目标，就像是弓箭手试图击中他根本看不见的靶心一样。

想象一下，你自己站在体育馆足球场的 20 码线上，手里握着一张弓和一个装满箭的箭袋。二十码外的末端区域就是射箭的目标。当你射出第一支箭时，你会注意到自己是射得太高了、太低了、偏右了还是偏左了。然后在射第二箭时相应地做出调整，以纠正前面的错误。你会在射出第三箭时，做出更精确的调整。每射出一箭，你都将从以往的射击中吸取经验，并在未来做出调整。通过不断的纠错，你最终将击中目标。

现在想象一下你自己站在同样的地方：不过这一次，在你射出第一支箭之前，有人蒙上你的眼睛，还让你转了几圈。虽然知道目标就在某处，但你却被迫只能朝着自己转圈之前的大致方向射箭。你不仅看不到目标，也看不到自己的箭射向何方，所以你也不能做出任何有价值的调整。你击中目标的概率因为这个简单的因素而大打折扣。你看不到目标，你所能做的就是碰运气。所有其他的因素完全保持一致：你仍然拥有同样的弓，相同数量的箭和相同的距离目标。但能够清楚地识别目标的这一个因素，就彻底改变了一切！

> **许多人设定了目标，却没有实现。**
> **您觉得这是为什么？**

让我们来考虑一下"目标"这个词在我们的社会中是如何被使用的。我们把它描述为值得努力的东西。这种描述就意味着你的目标将很难实现，同时也暗含着这样的信息：你最终的目标很可能无法实现。把我们想要的东西描述为一个"目标"，我们就创造出这样一种

场景，即我们的头脑已经知道它将很难完成。至少在大多数情况下，如果我们失败了，也是能被接受的，或者至少是值得原谅的。目标就像新年的决心，我们总是信誓旦旦地许下心愿，却很少实现。花些时间回想一下，你曾听到过别人为自己设定的所有目标。一旦有了这样的想法，问问自己究竟有多少自己和其他人的目标已经实现了呢？答案通常是"没多少"。如果这是真的，那么想想"目标"这个词对你来说意味着什么。"目标"就意味着你应该努力实现的东西，拥有目标应该是很有趣，或者很美好的事情，但大多数时候，目标并没有真正被实现。

在目标设定方面，为什么我们必须更加明确？

当我要求一些人明确地做出承诺时，他们的回答是："我想要出名"，或者"我想赚很多钱，有很多乐趣。"当我听到这种描述时，我就会问："你想要多富有？""多出名？""有多少钱才算'很多'钱？""你想要的乐趣是什么？"

他们听到我的问题，几乎总会一脸茫然，很少有人能给出答复。有些人为了回答问题，只好想起什么就说什么。很明显，直到那一刻，他们还没有真正明确自己想要什么。就像那个"把尾巴钉在驴身上"的游戏，或者我使用过的那个关于射箭的例子，除非你能明确回答这个问题，否则你根本就没有射击的目标。

如果你想实现目标，就必须拥有明确的目标。你能做出的承诺范围越窄、内容越清晰具体，就越好。比如：普通高尔夫球手的目标是果岭，而职业高尔夫球手的目标却是旗帜。梅尔·吉布森（Mel Gibson）在电影《爱国者》（The Patriot）中对儿子说，"目标小，损失小。"

根据梅尔建议的推论则是：如果你的目标太大，你可能错过得更多。

我们如何应对在追求目标的过程中所遇到的挑战？

未能实现既定目标的最常见原因是无法处理自我怀疑。当我们第一次走上实现新目标的道路时，内心无比兴奋，感到元气满满。我们能够看到、感受到自己正在努力实现目标，我们对世界充满了信心，确信一定能实现自己的抱负。此后，当然有时只是很短的时间之后，我们开始失去这种情感上的兴奋，意识到必须要努力工作才能实现目标。

在脑海中想出这样一个人，他的名字在你心中能唤起积极或消极的形象。你可以努力实现目标以取悦某人，或者为了向某人证明什么。当你想到自己的诺言，你又是为谁而做出的承诺呢？你希望向谁证明你能做到这些？尽管关于积极思维的书很少会赞扬消极思维的优点，但有时他人消极的个人动机却能帮你实现积极的目标。

确定个人的动机将会提供情绪反应和额外能量，这能帮你实现个人承诺。当你遭遇挫折的时候，这两者将特别有帮助。如果你能找到一个以上的个人动机，那就更好了，你希望实现这个承诺的理由越多，你就越容易专注于目标。

有关如何拥有成功幸福的人生，
您有什么是自己付出了代价，才学会的道理？

我在十几岁的时候，与现在的妻子凯西约会。那时我的自尊心很低，我经常说自己是个流浪汉，一无是处。这些话是当时人们对我的全部评价。

有一天我开车送凯西上班，我对她说自己实在不知道她看上我什么了，也不知道她为什么喜欢我。她尖叫着回答："停车，让我下车！"我被吓得魂不附体，立刻把车停在路边，她就下车了。我问她："你怎么了？"凯西说："如果你继续说那些关于自己的话，我就不想和你有任何瓜葛。我并不像你看待自己那样看待你，如果你不能理解这一点，改变对自己的态度，我们之间就完了。"

嗯，我爱凯西，我知道我想娶她，所以我承诺要做出改变，我做到了！我对自己的态度改善了，我意识到自己配得上凯西，也配得上我自己。我的自尊心提高了100%，我明白了自己能做任何我想做的事情。当我决定获得 GED 学位并接受大学教育的时候，凯西成为我生活中积极的动力。即使在今天，我对她也心怀感激。

为什么我们做任何事都要有计划？

每个成功企业都有一份书面的商业计划。我意识到这是个具有普遍性的说法，因为我在句中使用了"每个"这个词。我非常清楚，那种"任何具有普遍性的说法总是准确的"的判断很罕见。但我愿意打赌，现在就是那个罕见的时刻，这句具有普遍性的陈述确实是真实可信的。在美国及海外做生意的四十年里，从华尔街到硅谷，再到位于美国商业街上的企业，我打过交道的企业有的规模很小，有的年营业额数十亿美元，但在我的经验中，从来没有遇到过任何一家成功企业是没有深思熟虑的商业计划的。

仅仅是制定、撰写和审查商业计划，就能帮助企业家清楚地了解他或她想去哪里？怎么去？将在什么时间发生？过程中需要谁？这么做的代价是什么？实现目标时，将得到什么回报？ 如果你现在希望实现你的承诺，这些问题不正是你应该知道的吗？

为什么把计划写下来很重要？

第一个原因是你在头脑所创造的目标是"想法"。我们的大脑处理"想法"的方式，与它处理感官提供的信息的方式是一样的。我们越能强化（识别）大脑中的目标，目标就会越清晰。仅仅是把它写下来的这个行为，就能让你把注意力聚焦在承诺上。这种做法会让你的外部感官都参与进来，因为我们用触觉来书写，用视觉来观察、记录自己设定的目标。人类的头脑通过各种感官接收信息，当确定目标时，能涉及的感官越多，头脑就能够为我们提供越多的帮助。

你必须把它写下来的第二个原因是，通过把目标写下来，你不仅需要澄清目标，还要考虑清楚为了成功完成任务，还有哪些事情至关重要。

虽然把目标写下来很重要，但仅仅把它作为一句陈述写下来是不够的。我们需要表明将如何实现这一目标。记住，头脑不会允许我们去做它认为不能做的事情，因为它希望把我们从失败的尴尬和羞辱中解放出来。相反，头脑会允许并帮助我们去做它认为能完成的事情。因此，如果想防止头脑挫败我们的努力尝试，就需要说服自己的头脑，无论它为我们设立怎样的目标，最终都能实现。我们需要同时创造这样一个环境，让头脑帮助我们实现目标。

为什么定期回顾我们的目标很重要？

一旦你已经创建了你的承诺计划，就请把计划放在你经常能看到的地方。有些人把他们的承诺计划和支票簿，或者一叠等待支付的家庭账单放在一起。这样一来，他们知道自己每个月至少会接触到、看到承诺计划一次，甚至会更频繁。因为承诺计划是关于做什么、怎么做、什么时间做、在哪儿做，以及为什么这样做等事宜的详细商业计划。当我们不时地审视计划时，我们就有机会对需要修订的内容进行修正。

我把自己的承诺计划放在每天随身携带笔记本的前口袋里。我并不是每天都看它，但每周至少会拿出来看一次，看看自己是否按照计划在正确的轨道上前行。我每次审核计划都至少会做一些小修改。有时候当出现新情况，或者有新信息引起了我的关注，我也会做出重大调整。

您能和我们分享一个可以每天使用的
目标跟踪工具吗？

视觉提示物是任何一种能提醒或激励你为实现承诺而工作的物品。把你的视觉提示物放在每天都能看到的地方。找到最适合自己的位置，你每天都能见到它。可以把你的承诺提示放在家中或者办公室的多个地方。我们可以充分发挥想象力制作"视觉提示物"。例如，你可以用一张索引卡，上面写有那个最激励你的人的姓名，或者任何你选择写上去的东西，只要你对它的反应是激励性的。你可以把这张索引卡放在各种地方，你自己来决定放在哪里最好：

浴室的镜子上，这样你每天早上洗漱的时候都能看到。

卧室的墙壁上，就像我一样把写着我姐姐名字的便条贴了上去，这样我每次从书桌前起身都能看到它。

办公室或工作间的墙壁上，这样你在工作期间就经常会被提醒。

什么是智囊团？
为什么创建这样一个联盟是有益的呢？

拿破仑·希尔（Napoleon Hill）在他创作的经典自助类图书——《思考与致富》(*Think and Growth Rich*)中，向世界介绍了"智囊"这个词。

拿破仑·希尔讲述了亨利·福特（Henry Ford）、托马斯·爱迪生

（Thomas Edison）、哈维·费尔斯通（Harvey Firestone）和 18 世纪末、19 世纪初其他一些非常成功的商人，他们如何定期聚会，在各自的商业问题上互相帮助的故事。在这些会议中，其中一位成员将确定他们特定的问题或议题。在会议剩余的时间中，所有参与者将就如何完成任务、解决问题提供他们的意见和建议。拿破仑·希尔把这个过程成为"智囊"，因为在这一过程中产生的解决方案绝非是一个头脑的产物，而是所有参与者的智慧总和。

希尔接着解释说，这种力量的产生不仅因为参与者都是绝顶聪明的商人，远不止这些。通过所有人的合作，他们为共同目标创造了一个互相帮助的过程，过程所产生的结果绝非任何人单独能创造的。这就是"整体大于各部分之和"的经典范例。

有些人可能会回避用"智囊"这个词，他们错误地认为它暗含着某种神秘色彩，而事实并非如此。相同过程的现代版本经常被人们称为"顾问委员会"。

我们如何开始创建一个智囊团？

选定这样一组人选，这些人已经显示出你所仰慕的品质。然后拜访其中的每个人，并在会面中向他们解释你的承诺，同时询问他或者她是否愿意每月与你和其他少数人见一次面，谈上几个小时。在第一次见面时，告知他们你的承诺计划，并显示出你实现计划的诚意和决心。你会对自己将收获到的帮助和反馈感到惊喜。

我在过去四十年中从事的每一次商业冒险中都运用了这一概念，

它给我带来了巨大的成果。通过与背景和专业领域明显不同的人分享自己的问题与顾虑，能够利用那些靠自己根本无法实现的想法和解决方案。

古老东方智慧
在今天的应用

朱津宁

战略家

世界通过两种对立力量的微妙平衡组

成。亚洲哲学把它们称为"阴"和"阳"。

所有事物都是由这两种力量组成的。

朱津宁的祖先是中国明朝的第一位皇帝——草根出身的朱元璋。3岁的时候，她被迫放弃家产，作为移民逃往台湾。10岁时，父亲开始把中国古代的经典战术作为睡前故事读给她听，算是给她上策略课。22岁时，她拎着两个手提箱，再次离乡背井来到美国，使用新的语言，融入新的文化。在全球政府及企业领袖实践推广《孙子兵法》的过程中，朱津宁是最重要的演讲者，也是战略思维的核心推动者之一。她与探索频道和美国国会图书馆合作，制作了他们的名著系列《孙子兵法》(*Sun Tzus Art of War*)。作为全亚洲和澳大利亚高居榜首的畅销书作家，朱津宁作品的销量超过了希拉里·克林顿（Hillary Clinton）和托尼·罗宾斯（Tony Robbins）。她的著作《妇女的战争艺术》(*The Art of War for Women*)、《厚黑学》(*Thick Face, Black Heart*)、《不劳而获》(*Do Less, Achieve More*) 和《亚洲人的计谋》(*The Asia Mind Game*) 已被翻译成 25 种语言，读者遍及 60 多个国家。她的读者中还包括一些颇具影响力的政界和商界领袖。

《今日美国》《商业周刊》、英国的《金融时报》、中国的《人民日报》《澳大利亚金融评论》和巴西的商业杂志《就是钱》(*ISTO E*) 等五大洲媒体对她的作品称赞有加。当公众就类似新加坡的鞭刑事件争执不休时，美国有线电视新闻网的"交火"栏目会找朱津宁做访谈节目，答疑解惑。

朱津宁是战略学习学院的院长，亚洲营销咨询公司总裁和神经科学工业公司的董事长，著名的欧美出版商尼古拉斯-布莱雷出版社（Nicholas Brealey Publishing）将朱津宁列为史上最成功的作家之一。朱津宁与本杰明·富兰克林、拿破仑·希尔、孙子、安德鲁·卡内基等名人一起出现在《最伟大的 50 部励志书》（*50 Success Classics*）一书的封面上。

您是怎么开始的？
怎样的早期经历将您塑造成今天的样子？

1949 年，3 岁的我紧紧拉着母亲的裙子，和父母及两个弟弟一起在上海机场的跑道上狂奔。在一片爆炸声中，我们登上了最后一班离开中国大陆的商业航班。我的家人从享受富裕、拥有特权的生活，沦落为逃往台湾的数百万移民中的成员。我们把从生活灾难中抢救出来的全部财产，都装在了父母随身携带的手提箱里。

1969 年，23 岁的我离开台湾，开始了在美国的新生活，再次成为默默无闻的移民。我提着两个手提箱来到洛杉矶，里面装着我能带到新家的为数不多的东西：我为自己做的衣服、几件私人物品和两本书。那时候我已经读了几百本书并且拥有很多书，但我只带了两本到美国，一本是《孙子兵法》，另外一本就是李宗吾写的很薄的黑皮

书，名叫《厚黑学》。虽然我并不清楚自己为什么要携带《厚黑学》这本书，但我当时确实有一种强烈的直觉：这本书将被证明是非常重要的。

尽管我本人是天主教徒，但因为在中国长大，一直沉浸于佛教、道教和儒家思想中。对证悟的孜孜以求将我带到世界的各个角落。我研究印度教的经文和基督教的神秘教义。我曾放弃了在洛杉矶成功的商业生涯，搬到俄勒冈瀑布附近的一座偏远的山上，进行长时间的冥想和灵修。随着视野的开阔，我以全新的视角审视自己的中国根。我去了解佛教、道教、儒学，以及它们在日本浓缩的结果——禅宗。我清楚地看到，这些不同的宗教和哲学有着同样的核心原则，如果我能够理解并提炼这一原则，它将赋予我所寻求的力量以及对生活掌控能力。

多年来，我一直尝试撰写《厚黑学》，但没有成功。最后，我放弃这个想法，先写了《中国人的计谋》和《亚洲人的计谋》两本书。后来，我写了《厚黑学》，这本书成了国际畅销书，读者遍布全球60多个国家。

> 中国的古代哲学强调
> 顺应自然的节奏对于成功的重要性。
> 您能详细解释一下这是什么意思吗？

世界是由两种对立力量的微妙平衡组成的。亚洲哲学把它们称为"阴"和"阳"。所有事物都是由这两种力量组成的。所谓对立事物之间的关系要比人们通常认为的更加密切。对立面并不是两个相互平衡的实体。它们实际上是同一事物的两个方面。没有光明，黑暗就不存在；没有邪恶就没有善良。暴力和非暴力都源自人类灵魂的同一个地方。

正如任何事物都有两面一样，人的行为也有两个方面：内在动机和外在表象。如果不考虑内在动机，我们就不可能判断自己的行为或他人的行为。圣人和罪犯有可能对国家犯下同样的罪行，但各自的动机可能完全不同。基督之所以被钉死在位于两个盗贼之间的十字架上，是因为站在他面前的审判者，看不出他的行为与两个小罪犯的行为有什么不同。

你需要明白，你拥有的创造力和破坏力彼此相当，势均力敌。这两者相辅相成，不能以普通的善恶标准进行判断。善与恶各自因时而异。只有知道什么时候运用自己的破坏力，什么时候屈服于他人的破坏力，才能在一定程度上理解你自己和你的命运。草在风中容易弯曲，而那棵大橡树却岿然不动地矗立着。但是，强风可以把橡树连根拔起，而再强的风也无法对弯曲在它面前的草故技重施。

> **在实际的日常生活中，**
> **我们怎样才能顺应潮流而不是逆流而上呢？**

在我们当今的社会中，展示自信至关重要。观察那些对自己信心满满的人是一件令人愉快的事。但是，如果你不是他们中的一员，请不要灰心。我要揭示一个最大的秘密：绝对自信者非圣即愚。世界上

其他人在这个问题上都有着某种程度上的欺骗，差异只是巧拙而已。我们经常把工作失败的原因归咎于自己的消极态度。事实上，问题的根源并不在于消极态度，而在于我们选择了让自己产生消极态度的那些平淡无奇的工作。

最近，我和合伙人正在为我们的新发明进行专利搜索。当我做这项工作的时候，我发现自己对整个搜索过程都非常消极。我因为自己的自私和不愿帮忙而感到羞愧。一番反躬自省之后，我发现原因既不在于我的态度消极，也不在于我对这项工作心怀抵触。我愿意工作，只是不想做这一类工作。我不能忍受在专利办公室里做重复性的、与数字相关的、按部就班的工作，这些是我一直讨厌的事情。我的结论是自己既不懒惰也不自私。如果工作适合我的天性，我不仅觉得毫不费力甚至还会欢欣鼓舞。最终我还是决定付钱给律师去做专利搜索。

无论你的消极行为是些什么，那就接受相应的结果吧。如果你的消极情绪是喜欢坐着，除了读书什么也不做，那就看看你怎么能整天看书，并从中获得报酬。也许，你可以在出版社或图书馆找份工作，或者成为一名书评人。如果你的消极情绪是热爱美食，那就看看如何才能找到一份以食物为中心的工作。你也许可以成为一名厨师，或者美食专栏作家。如果你的消极情绪是喜欢看电影，那就去颠覆世界，看看如何在电影界谋生。如果你找不到一个以你最喜欢的"消极情绪"为中心的职业，那就去创造一份任何人都未曾想过的工作。

您曾教导说个人转变的秘诀是从内在开始的。请问这将如何加速我们走上通往富足和成功的道路？

著名的《思考与致富》一书教会我们思考自己如何致富。这些年来，我认真观察了人们如何获得财富。思考、阅读或倾听并不能让我们从贫穷变为富有。恰恰相反，这个过程更像是源自我们内心的一种态度转变。你可以去思考一切，你可以去肯定一切，你也可以去理解自己可能理解的一切，但这并不一定会改变你本人或者你的环境。

这个神秘的难题还有另一个方面。你需要把自己看成成功人士，然后像成功人士一样去生活。从你的意识中根除妄自菲薄的想法非常必要。要以富足的、自尊的态度去生活。对有些人来说，这是很自然的；但对另一些人而言，则必须有意识地去这样做。当格雷斯·凯利第一次出现在好莱坞时，她只是个无名之辈，但她就像大明星一般，表现得泰然自若。当她真成了大明星时，她的外表和行为更像是一位公主，而不是电影明星。

只有当你的知识和理解力，由内而外地展现出新的生命力时，你的境遇才会改变。你的变化会在突然之间使一切皆有可能。这种转变并没有固定的模式，它来自你内心的斗志和不懈的勇气，不断培养内在的力量，去实现自己的责任担当。通过这种自身修炼，最终会结出神奇的果实，那就是你将在生活的各个方面改变自己的态度。在你能够获得来自外部的奖励之前，你必须先在内心体验到那种获得感。总

之，你的内在的真实性将在自我实现的预言中展示出来，你的行为都源于内在的动机，而非机械地遵循某个公式，因为它们不是被迫的行为，所以会更加有效。因为你的成功经历首先是一种内在现实，外在的成功不过是你所表现出的行为和态度而已。

我们如何优雅地应对生活中的挑战，
并与自己和平相处？

我见过很多人变老，但这些变老的过程并不优雅。我从他们的目光中看到了痛苦和幻灭。他们被生活打败了，年轻时的希望和期待已经消散，只有死亡在等待他们。他们的错误在于没做好准备，以应对造物主在人生道路上给他们的严酷考验——而这一切对强化精神和追求卓越是必不可少的。与那些把严酷纪律视为特权和荣誉的战士不同，这些人就像是被磨盘压住的谷粒，在烦恼和痛苦中被生命之轮碾碎。

与大多数人一样，我过去常常祈求幸福和好运。我曾被"愿你的旨意成全"这样的祷告吓得魂不附体。然而在现实中，我们所生活的这个世界支离破碎并且不断变化，我们的存在都与上帝那看不见的每一丝恩典微妙地联系在一起。获得与失去是人类永恒的境遇。现在当我祈祷的时候，我祈祷拥有那不可动摇的内在力量和战士的力量，接受这些严酷的教训并从中学习，而不是被它们摧毁。

要想在生活中获得成功，为什么要在乐观的态度与现实的期望之间取得平衡？

我年轻的时候曾经痴迷于乐观主义，不能容忍任何可能产生不良后果的想法。如果有人建议我应该考虑到最坏情况和最好情况，我对此会很不以为然。实际上，我过于胆怯，不敢去面对"真实的生活"。相反，我生活在一个"假装相信"的世界里：拥有积极的态度是件好事，因为它能让你把一切都看得触手可及。遭遇厄运的可能性成了那些消极思考的人的唯一财产。现在我意识到，现实一点并非消极，而是积极。游轮的船长教导乘客，在遇到紧急情况时如何应对，并非出于消极想法。他并不打算让船沉没，他只是采取实际的措施，做好准备。

通常，所谓的"消极的"人才是最现实的人。在现实世界中，过于乐观有时是一种负担。首席执行官负担不起过度乐观的奢侈，过度乐观会导致他走向失败——就像过于乐观的将军会变得粗心大意，会低估战场上敌人，从而导致全军覆没，付出惨重的代价。同样，教练和四分卫不应该像啦啦队长那样热情奔放。如果他们不能真实评估对方球队的实力，仅仅依靠他们积极的思维并不能确保胜利。

现实的人倾向于预测潜在的问题，对困难未雨绸缪。得克萨斯州石油企业家小布恩·皮肯斯解释说，大多数地质学家的缺点是过于乐观。作为没有大企业集团支持的独立石油人，他必须对自己的石油钻井业务更加务实。吉尔伯特是一家大型银行负责商业贷款的副总裁，

他告诉我，他更喜欢与现实的而不是那些过于热情的借款人合作。现实的借款人了解潜在的困难，并准备好迎接挑战，而过度热情的借款人往往低估了创业或业务扩张的困难。

> 您曾把古代东方的佛法概念
> 比作一棵实现愿望的树。
> 请问什么是佛法？

佛法（Dharma）这个词来自梵文，它是世界上最古老的语言，起源于古印度。西方语言学家中的先行者已经证实，梵文实际上是所有已知语言的根源。佛法来自"dhar"一词，意思是"支持、坚持和滋养"。佛法是对在任何特定情况下采取适当行动的理解，即"按照自己的职责行为处事"。每个人根据自己的生命状态，对"佛法"都有自己的理解。例如，战士的佛法就是消灭敌人，医生的佛法就是拯救生命。如果遵循佛法，整个世界将与自然法则和谐相处。

修持佛法的人接受生命的来临，并履行他们相应的职责。佛法是一种自然法则，它引导我们无论何时都要认清自己在生活中所扮演的角色。在任何时候都要忠实于那个特定角色的职责，并尽最大的能力去接受并奉行那种行为——遵循佛法。

我们大多数人都在为追求自己的目标
而努力奋斗。您是如何学会放松
并让佛法轻松地彰显出来？

如果你感觉自己的工作陷入困境，不管怎样，请继续以奉献精神投入其中。你被安排在那个工作岗位上绝非偶然，那里有你要吸取的经验教训。你对现在工作的全部承诺和经验积累，将成为未来展现你更伟大命运的跳板。以我为例，我曾为那些想与亚洲人做生意的美国公司和个人担任顾问。我喜欢自己的工作，但总觉得缺了点什么。不过，我还是忠实地完成了自己工作。正因如此，我才能发现自己的工作中究竟缺少了什么。我有能力接触到许多人，并激励他们思考，这种能力使我获得了满足感。

通过继续从事自己的工作，并基于我在亚洲经商的经验，我意识到美国人有必要在商业往来中，深入了解亚洲人的思想。就在那时我意识到，能够影响并激励大家的方法就是写一本关于这个问题的书。于是我撰写了一本书，内容是关于亚洲人在与西方人做生意时的心态。这本书的成功令我个人非常满意。于是我继续写了更多的书，并且不断扩展话题。几年后，我意识到自己没必要只与亚洲的商业战略。东方有着丰富的智慧，我可以与西方读者交流这些思想。于是我撰写了《厚黑学》一书，这本书成为国际畅销书。

只要意识到在你的生命过程中，有一个神圣的计划等待你去实现，你就会开始有意识地与职业生活和个人生活中遇到的每件事相协

调。以好侦探的眼光去看待每件事，试着去揭开你命运的奥秘。这是发现自身命运和生活道路的第一条佛法，也是最基本的佛法。

在我们面临挑战和困难的情况下，对佛法的理解将如何带来成功的结果？

关于这个问题，我本人在台湾出差时感受良多。我在台湾的一项任务是代表一家美国企业拜访该公司的台湾代表。这家台湾企业在销售美国公司的产品方面，表现很差。

我花了很长时间在心里反复考虑该如何与台湾公司接洽。我是应该表现得轻松而友好，还是应该一本正经地去搞清他们的销售业绩为何如此糟糕？我尝试用多种方法进行沟通，但总觉得不对劲。问题在于台湾公司的老板是我的好朋友。无论是疾风暴雨还是和风细雨的与他交流，似乎都有些不妥。我经过反复的考虑，还是拿不定主意。

我问自己：在这种情况下，佛法是什么？然后我忽然意识到，与台湾公司接触的唯一正确方式就是开诚布公，让他们对身为美国公司利益代表的我有所了解，相信我能更好地为他们服务。我应该弄清楚他们的困难是什么，以及我能如何帮助他们。如果我支持他们把工作做得更好，他们就会投桃报李，为我的美国客户做得更好。一旦意识到在这种情况下我的佛法是什么，我感到自己对这些人的态度变得开放和积极，装腔作势地与他们交谈也就毫无必要了。因为我的态度切合实际，我说的话也就不会有偏差。

自我努力之法的重要因素是什么？

成功的形式各异、花样百出。有关成功的书籍已经很多，所有内容都有助于我们走向成功。但事实仍然是——成功并无定法。成功会降临到一些最消极的人身上，也会降临到那些最积极的人身上。成功可以属于那些努力的人，但是也可以属于那些从未付出什么努力的人。

1.追求和谐：自我努力并不意味着盲目努力。自我努力之法也包括知道什么时候应该区别对待，并臣服于那个令人失望的结果。然而，这并不意味着放弃，而是要找到自己内在的和谐，聚集必要的力量，将生活提升到下一个层次。

2.顽强的决心：美国漫画家、《波哥》（Pogo）的创作者沃尔特·凯利（Walt Kelly）经常说："我们见过敌人，他就是我们自己。"在人生的战斗中，你是敌人，你也是战士。在生命的斗争中，只要你在战斗，你就在赢得胜利。每天的生活中，如果你失败了一百次，只赢了一次，那次胜利也将赋予你力量，去争取下一次胜利。永远不要放弃你的战斗。

3.永不放弃：生活是一所学校。这所学校并不给出及格的分数，它要求每名学生在每个科目上都得到完美的A。你永远不能退学，这所学校对毕业不设时间限制。然而，只要你顽强而勇敢地战斗，上天那双魔力非凡、看不见的手就会帮助你。这并非什么花言巧语，而是被许多人认为正确的普遍经验。

4.凡是耐心努力的人都会有好结果：我们的自制力不是一蹴而就的。因此，我们需要耐心来调整自己的行进路线。中国有句古话能说明这一点：水滴石穿。当我们还是婴儿的时候，我们如同小蜜蜂一样与天然的本能保持一致。如果你拥有决心并付出努力，没有人能阻止你展现自己真正的命运，一棵参天大树的秘密恰恰隐藏在一粒小小的种子里。

我们怎样才能学会
对日常生活和工作更有耐心呢？

有生以来，我一直是位自强不息的斗士。我的努力有时回报颇丰，有时收效甚微。但没有什么能比最近发生的一件事，更能从根本上影响我。

当我写自己的最后一本书时，我追求尽善尽美。我加班加点，按时把作品交给出版社。我成功地获得了来自得克萨斯州的石油商小布恩·皮肯斯（T. Boone Pickens）的认可，同时也获得了《今日美国》编辑的认可。这本书计划于一个特定的时间出版。就在这时，爆发了一月份的"沙漠风暴行动"，所有媒体的注意力都转向了战争，我的书也错失了隆重面世的机会。尽管如此，我还是学到了宝贵的一课。如果我没有为了完成工作，把自己和编辑逼到极限，如果我交稿晚了，事情可能反而更好。

出乎预料的事情可能恰好是某种变相的祝福。现在，当我已经竭尽全力之后，我会放松下来，看看结果如何。在那个无法被看见的层面，我知道自己将不再是原来的我。也许在别人看来，我可能没有什么不同，但我知道，我对于接受和臣服于佛法有了独到的见解。

许多人并不喜欢他们所做的工作。
您对他们有什么建议？

工作是我们在履行义务、自食其力的过程中，表达自我的主要方式。通过工作，我们为社会的集体利益和人类的进化做出贡献。你的日常工作与精神成长之间无法分割。每种情况都会加速你的精神进化，你的工作就是实现精神成长的沃土。

通过工作，我们遇到能够反映出我们精神状态的人和事件。通过工作，那些人和事件要么激怒我们，要么激励我们。无论是激怒还是激励，它们共同的目标，都是用某种特殊情况来给我们一次有益的教训。生活中没有什么事情是偶然发生的，如果生活中的人和事激起了我们强烈的情绪，那就表明你需要就此好好审视一下自己。例如，我每次写一本书，从那个课题中学习到的东西，都要比最初的梦想多很多。

无论在商界、体育界还是政界，
许多伟人都在讨论将直觉
作为更好的决策工具。您对此有何看法？

字典里对"直觉"的定义如下：

1.独立于任何推理过程的，对真理、事实等事物的直接感知。

2. 纯粹的，未经教导的，非推理性的知识。

在西方世界，直觉是一种价值被严重低估的"商品"。然而，任何在非凡的任务中取得成功的人都一直在运用这种力量。一名优秀的辩护律师必须精通法律，并研究案件。然而，他或她还需要直观地感知陪审团的想法，以便自己的陈述能使陪审团成员倾向于他的委托人。

有位凶杀案侦探告诉我，好的侦探懂得如何跟随直觉和第六感，不管它表面看起来是否正确。优秀的商人在检查了现有的数据之后，最终将不得不依靠直觉来做出最后的决定。许多革命性的科学突破往往始于科学家对未知潜力的直觉感知，随后科学家再开始通过科学实验和结论来证明自己的直觉。爱因斯坦在 16 岁的时候问自己："如果我以光速移动，光会是什么样子？"这个问题正是他创立相对论的种子，他的余生都在试图向世界解释这个问题。

> 许多人在追求他们想要的东西时，
> 无论是在他们个人生活中、家庭中、
> 还是在职业生活中，都会面临恐惧。
> 我们怎样才能控制恐惧的情绪呢？

恐惧是最具破坏性的情绪。恐惧对人灵魂的影响，就犹如一滴毒药对一口泉水的影响。恐惧戴着许多种面具，并以各种形式出现。在我们的潜意识深处，我们有足够的智慧认识到宇宙的组成是多么脆弱，我们的存在和生存都系于上帝的恩典。在我们的意识中，恐惧是一种模糊但连续不断的不安全感。大多数人会在大部分时间内感到恐惧，只是他们并不知道罢了。

几年前，我决定组织一场全日研讨会，主题是"如何与亚洲人做生意"。研讨会那天早上，我在穿衣服的时候，深陷恐惧之中，我突然间想起：我从没当着大庭广众讲过话，如果语塞怎么办？这会对我的职业声誉造成什么影响？我应该如何度过这一天？在那一刻，我脑海中浮现出自己一整天的模样，深信自己会失败，会被彻底摧毁。

当我驱车前往酒店时，我对自己说："要么振作起来，要么承认失败。"唯一能摆脱恐惧的方法就是停止逃避和抵触。我越不想感到害怕，恐惧感就越强烈。我在精神上消除了内心的恐惧，把它放在我面前的仪表板上，开始死死盯着这种恐惧，我对自己说："让我比恐惧更凶猛吧！"突然间，我所感受到的恐惧，都被凝视创造的强大勇气所取代。当我到达酒店时，我充满了力量和热情。我的第一次研讨会非常成功。下午 4 点结束时，没有人想离开——他们想听更多！我的经历并不特别。最勇敢的战士往往也是最伟大的懦夫。你面对和征服的恐惧越多，你拥有的勇气就越大。

> 有一句名言："我们唯一感到恐惧的就是恐惧本身。"
> 您对此有什么看法？

对我们大多数人来说，恐惧并非建立在真正发生任何灾难的可能性之上，它更多是一种不安情绪的状态。马克·吐温（Mark Twain）清楚地理解这一点，他说："我们大多数人所担忧和恐惧的事情从未

真正发生。"不要把恐惧看得太重，这位被忽视的"客人"常常会悄然离去。无论我们走到哪里，都会面对恐惧的不同方面。在体验和发挥自己真正潜力的过程中，恐惧是我们需要克服的最大障碍。想要克服恐惧，你必须首先拥有面对恐惧的勇气和决心。当你直视它的眼睛，恐惧就没有那么可怕了。如果你心无旁骛，你就不会感到害怕。当你的内心充满期望，就会被焦虑和恐惧所困扰。无论你的期望与恐惧是什么，该有的结果都会如期而至。

柒

在要求苛刻的世界中表现优异

西蒙·雷诺兹

商业导师

你的目标应该有多大？它们需要足够宏大，能让你感到兴奋，但又要足够现实，让你相信自己能够实现。我喜欢布莱恩·特雷西（Brian Tracy）的经验法则：你应该觉得自己至少有 50% 的机会实现自己的目标。

西蒙·雷诺兹（Siimon Reynolds）是澳大利亚著名企业家，25 年来一直是广告行业的领军人物。他是光子集团（Photon Group）的联合创始人，该集团在短短八年多时间里从零起步，发展到在 14 个国家拥有 54 家营销公司，聘用了 6000 多名全职和兼职员工。光子集团自 2004 年起在澳大利亚证券交易所上市，据《广告时代》杂志称，光子集团是全球第 15 大营销集团，也是 2008 年全球增长最快的营销集团。西蒙目前是澳大利亚规模最大的网络公司的董事长和联合创始人，该公司目前开发了 3 万多个网站。

西蒙几乎赢得了世界上所有重要的创意广告奖项，包括戛纳金狮奖（Gold Lion at Cannes）、纽约一展奖的金铅笔奖（The New York One Show Awards）和伦敦国际广告大奖（The Grand Prix at the London International Advertising Awards）。他在澳大利亚获得的奖项包括年度电视广告（Television Commercial of the Year）和年度杂志广告大奖（Magazine Ad of the Year），他两度获得年度报刊广告大奖和年度杰出机构大奖。西蒙还是新南威尔士州年度青年成就职业组大奖的获得者。

西蒙在世界各国多次发表有关成功和个人成就的演讲。作为澳大利亚最成功的企业家之一，他最近一次出镜是在电视节目《龙穴》（Dragons Den）上。西蒙指导过不少企业高管和企业家实现业绩最大化，获取更多利润。他同时拥有相当平衡的生活。他的新作《人为什么会失败：成功的 15 个最大障碍及其克服方法》（*Why People Fail: The 15 Biggest Obstacles to Success and How You can Beat Them*） 于 2010 年在全球出版。此外，他也是《60 分钟》《今日今夜》《时事》《彭博》和《美国 NBC 今日秀》等电视节目的嘉宾。

> ### 您是怎么开始的？
> ### 是什么早期的经历塑造了今天的你？

我最初以作家的身份进入广告行业，原因很简单，这似乎是一个不用上大学就能赚到钱的好地方！我很快就对广告的创意潜力感到无比兴奋：虽然大多数广告枯燥无味，但还是有一些绝对精彩的广告创意。随着我决心为打造精彩的广告创意而努力，我的事业也就真正开始起飞了。我非常相信伟大的足球教练文斯·隆巴迪（Vince Lombardi）说过的那句话："人的生活品质与他们追求卓越的努力成正比，不管他们选择的领域是什么。"

从我开始追求卓越时起，我的生活也开始变得更加美好。在先后创办并运营了几家广告公司之后，我最终与人共同创办了光子集团，集团目前在 14 个国家运营，拥有 50 多家公司，雇员超过 6000 人。

如果让我回答如何取得现有成就的问题，我想说的是，这源于我

19岁时完成的三件重要事情：确定较高的奋斗目标；要求自己在同行中出类拔萃；坚信自己能实现以上两个目标。

找到人生目标的最好方法是什么？

首先，我建议你为确立自己的人生目标设定最后期限，可以是一周、一个月，也可以是一年。我这样要求是因为，我曾遇到太多的人，终其一生都在思考自己的人生目标是什么，结果却陷入了无休无止的优柔寡断之中。

那是没办法生活的。正确的方法是选定自己的人生目标，然后百分之百地投入，努力实现这个目标，使之成为你人生的杰作。不要等待某种神灵的召唤。找到你真正喜欢的事情，下定决心去驾驭它，哪怕要花十年的时间。一旦你全身心地投入到任何一个目标之中，你对它的激情就会与日俱增。

哈佛大学爱德华·班菲尔德（Edward Banfield）教授研究发现，成功最重要的决定因素是要培养一种长期的时间观。一旦你选定了自己的人生目标，就要在精神上做好长期专注于此的准备，不要轻易放弃或改变你的初衷。当普通人信守承诺并全力以赴的时候，他们的人生表现往往胜过那些对人生目标三心二意的天才。

您如何定义真正的成功？

成功就是要在各种有价值的奋斗目标上都取得进步，不过这些目标要具有整体性。如果你在自己选定的身体的、心理的、精神的、事业的和人际关系的奋斗目标上都能取得进步的话，那么你将会获得意想不到的成功。然而，如果你只能在其中的某个方面表现优异，那么真正的成功和幸福还是会与你擦肩而过。

我们的社会常常崇拜在某单方面表现特别优秀，而在其他方面却差强人意的人，这确实很糟糕。那个表现特别优秀的领域也许是他追求的重点，但他绝非取得了真正的成功。

当然，要获得整体性成功需要有非常仔细的时间管理和组织技巧，才能把所有事情做好。很多人对这些技巧不重视，他们常常发现自己几乎没有足够的时间，去实质性地完成全部目标。冷酷的现实是，要做好任何一件事必须具备两方面条件：科学的目标定位和使你在实现目标过程中保持高生产效率的自我管理。幸运的是，时间管理是一门科学，经过数百年的发展，已经能提供许多有效的自我管理技巧。如果你想要获得真正的、整体上的成功，时间管理是一门很值得掌握的学问。

您认为幸福的秘诀是什么？

在20世纪的大部分时间里，精神病学的关注点在于让病人变得

正常，而不是让普通人变得快乐。直到20世纪80年代中期，人们才开始研究怎样才能让人类感觉良好。此后就诞生了一个全新的科学领域——积极心理学。人们对幸福的研究也蓬勃发展起来。

在过去20年里，埃德·迪纳（Ed Diener）、马丁·塞利格曼（Martin Seligman）、蒂姆·卡瑟（Tim Kasser）和米哈伊·齐克森特米哈伊（Mihaly Csikzentmihalyi）等知名科学家对幸福进行了大量研究。总体来说要想获得幸福，我们需要拥有亲密的人际关系，乐观的思维方式，对环境的合理控制，具备目标感或意义感，拥有可以深度投入的工作，以及相对较低的压力水平。

与流行的观点相反，财富和幸福之间几乎没有关联。事实上，一项研究显示，那些名列"福布斯400"（Forbes 400）富豪榜上的美国人，他们拥有的幸福感只比普通工薪阶层高1%。

人如何才能在自己的领域中变得伟大？

这个要求听起来简单，但绝对不是一件容易的事。

首先，做你喜欢做的事。这样，你就不会介意长时间工作。事实上，即使你在某个领域中非常努力地工作，如果你并没能做到全身心投入，往往也不会成为最优秀的。

第二，在自己的工作领域中不断学习。很少有人能做到这一点。许多人进入工作领域后，专业课程一结束，就停止对该领域的研究和学习。

第三，找到榜样，以那些在你的工作领域表现卓越的人为榜样，向他们学习。更好的办法是让他们来指导你。如果你能遵照正确的榜样去做，可能会使自己职业生涯的学习时间曲线缩短 20 年。

最后，时刻坚守追求卓越的人生观，并坚持按照高标准要求自己。只要你每天都尽自己最大努力去做事，很快就会比竞争对手更加光彩照人。

以上四项，如果你做到了其中一项，你就会比大多数人更成功。如果你做到了全部，就将成为你工作领域中的传奇人物。

总之，在任何领域中成就伟大，要靠全神贯注的实践历练和持之以恒的学习改善。正如杰夫·科尔文（Geoff Colvin）在他的杰作《天赋被高估》(*Talent is Overrated*) 中所证明的那样，多年的努力奋斗和艰辛奉献最终都会战胜天赋。社会却在迷信相反的东西，人们认为只有那些具有天赋的人，才能拥有卓越的人生。科尔文的研究表明，事实并非如此。

那些成就卓越的人具备哪些个人素质？

很多成功人士，至少是那些顶级的成功人士，在功成名就之前，他们就相信自己卓尔不群。他们拥有强大而积极的人生定位。这些人即便在工作了 20 年之后，仍然还会不断提升自己的技能。而大多数人则在 30 岁之后，就不再努力提升自己的工作表现了。

卓越人士还普遍具备与人相处的能力。很少有人能在没有得到周围人的帮助的情况下登顶。丹尼尔·戈尔曼（Daniel Goleman）在情绪智力方面的研究表明，情商较高的人成功概率大约是智商高而情商

低的人的 2 倍。

当然还要对自己的事业充满热情。我们可以基本概括出卓越人士的行为特征。无论他们从事什么职业，成功人士所具备的大多数优秀品质都可以通过培养专注力、意志力和奉献精神而获得。认识到这一点尤为重要。

我们如何在生活中培养出更多的乐趣、喜悦和欢笑？

快乐是一种选择，确实如此。这并不是要求生活中的一切都变得十分完美。有些人即使生活艰难，仍然能保持快乐。以那些生活在非洲部落的人们为例，尽管他们拥有的东西极少，许多人的脸上却始终洋溢着幸福的光芒。

事实是，无论你处于怎样的环境，当你决定要快乐时，几乎会立刻变得更快乐。正如罗伯特·霍尔顿博士的研究表明的那样，你不需要为快乐找到一个理由，无论你面前有多少挑战，只要选择了快乐，你的生活很快就会充满乐趣。也正如佛陀所说："没有什么是不可能的，你的思想能使美梦成真。"如果你等待生命中所有的环境都变得十分美好，然后才让自己快乐，那么你生命中大部分时间将会在等待中度过。

此外，我发现如果你强迫自己表现得快乐，那么几分钟内你的情绪就会得到改善。神经语言程序设计的创始人约翰·葛瑞德（John Grinder）和理查德·班德乐（Richard Bandler）曾对此做过出色的研究。

普通人和伟人的思维方式有什么关键差别？

这看起来似乎过于简单，实际上，伟人的思维方式与普通人的思维方式之间只有一个区别。伟人拥有成就伟业的强烈愿望，而普通人心中这样的愿望并不强烈，或者根本没有。这种对追求卓越的强烈渴望会影响到那些伟人的整体表现，他们每天思考问题的方式，采取的行动，联系的人物，都会影响他们获得的最终结果。所有这一切，都源于最初那种炙热的愿望。

此外，我相信那热烈的渴望会像磁铁一样，把机会和好运吸引到你的生活中。虽然我们可能永远无法证明这一点，但我认识许多非常成功的人，他们的生活就是最好的见证。

每月监测你的愿望水平是一件很有价值的事情。例如，你可以在每月的第一天设置日记提醒，在 1-10 的等级上为自己获得成功的愿望评分，然后永远不接受低于 8 分的分数。即使你才华横溢，但如果没有强烈的愿望与之相伴，真正的伟大也将与你擦肩而过。

我们如何维持内在平衡？

自我意识是关键。如果你希望保持内在平衡，就必须把它设定为每天的目标，并保持觉知。一旦你在每天的大部分时间里都想到它，就会自然而然地发现保持内在平衡的方法。心理学家和医学专家迪帕

克·乔普拉(Deepak Chopra)博士建议,你在一整天都要想着一个积极的词,比如"快乐"。只要意识到"快乐"这个词,我们的幸福感通常就会增加。在实际生活中,我们往往就会得到脑海中所想到的。

一旦你将内在平衡设定为目标,就需要培养一些仪式感和系统性,使自己保持在正轨上。例如,如果你每天有20分钟的冥想、20分钟的锻炼和20分钟阅读励志或灵性书籍的习惯,你很快就会发现自己的内在平衡会显著增加。但是如果没有这种系统性和仪式感,我们就很容易被日常生活中的创伤和磨难所困扰,忘记构建内在平衡的目标。另一个好方法就是在脑海中不断想象自己处于内在平衡状态时的情景。那么过一会儿,你就会开始按照场景中的画面去行动了。人们通常是根据自己内心深处的自我形象来为人处世的。

设定目标的最好方法是什么?

人们在设定目标时常犯的错误就是:设定的目标过多。根据我的经验,设定的目标越多,能实现的目标就越少。最近,当我真心想确定能实现的目标时,一般每次不超过三个。要做的事就那么几项,能让我保持专注。当我的任务清单上内容不多的时候,也确实能够激励我去取得更快的进展。

你的目标应该有多大?好吧,目标需要足够宏大,能让你感到兴奋,目标又要足够现实,让你相信自己能够实现。我喜欢布莱恩·特雷西(Brian Tracy)的经验法则:你应该觉得自己有50%的机会实现你的目标。

最后，要确保那些目标对你来说是有意义的。不要仅仅因为你觉得那是该做的事情，就选择它作为自己的目标。它们必须能真正激励和鼓舞你，激励你每天都付诸行动。如果你的目标没选对，一想到要去做那些事时，都会让你感到沮丧。要选择让你自己感觉良好的目标，而不是那些让周围的人满意的目标。

我们如何轻松地处理压力？

有一些奇妙的快速减压技巧，我特别喜欢塞多纳法（The Sedona Method）和先验冥想法（Transcendental Meditation）。

"塞多纳法"是一种难以置信的简单技巧，能在一天之中多次释放压力，如此一来，大量的压力根本没有机会积累起来。这种方法是由物理学家莱斯特·莱文森（Lester Levinson）在30多年前创立的。它基本的步骤包括思考是什么正在给你带来压力，接受它，然后选择放弃它。

"先验冥想法"是一种古老的、但经过科学证实的技巧。这种方法能让你进入一种既放松又亢奋的改变状态。霍华·德本森（Howard Bensons）博士在他的经典著作《放松反应》（The Relaxation Response）中曾对先验冥想法做了很好的研究。他表明，只需进行20分钟的先验冥想，就可以减轻压力，变得更加放松，思维也更有创造性。在你的生活中重点培养这两种技巧，一周之内你就会感到更平静，更幸福。

我们如何增加自己的能量水平？

增加体力的最快方法之一就是对工作充满热情。当你真正充满热情时，你的能量水平就会飙升。

此外，每餐吃更少的食物，多吃新鲜水果和蔬菜，也会产生更多的能量供应。许多健身专家建议每天吃五到六顿小餐，而不是三顿大餐。这样你的血糖水平，乃至你的能量水平，将会保持稳定和平衡。

我也注意到许多雄心勃勃的人对睡眠不够尊重。研究表明，每晚七到八小时的睡眠能改善你的情绪、注意力、激素平衡、创造力、记忆力，当然还能提升精力。睡眠要比大多数人想象的重要得多。

运动也会影响你的能量水平。例如，如果你坚持像那些活力四射的人那样站立或者行走，你就会感到活力满满。如果你总是低头哈腰、肩膀下垂、蹒跚而行，肯定就会感觉疲倦和无精打采。我们身体的运动状况会改变我们的情绪，反之亦然。

时间管理最好的方法是什么？

这是一个有意思的话题。我研究时间管理已经超过20年了，仍然在不断探索时间管理的新方法。以下是我的一些小技巧：

快速做完那些不重要的工作，最好能够委派他人去做。人们常常把大把时间花在不重要的事情上。正如投资天才沃伦·巴菲特喜欢说的那样："那些不值得做的事情，就不值得做好。"

每天开出两份清单。第一份是你的"待办事项清单"。第二份则列出当天完成这些工作的具体时间。许多人只有"待办事项清单"，结果却发现他们根本没有为完成这份清单分配足够的时间。

每天最先完成最重要的事项。这种方法虽然简单，但却非常有效。运用这种技巧，你通常能在上午 10 点之前就完成几项主要任务。

一定要为各种会议设定议程，并确定每次会议结束的时间。

带着紧迫感工作，给自己设定明确的截止时限，以便加快工作进度。

不断提醒自己遵守 80/20 法则：你所完成的 20% 的工作，将为你带来 80% 的效果。

如果你想进一步研究时间管理，我推荐艾伦·莱金（AlanLakein）的著作《如何掌控自己的时间和生活》（*How to Get Control of Your Time and Your Life*）和博恩·崔西（Brian Tracy）的《吃掉那只青蛙》（*Eat That Frog*），这两本都是工作效率方面的优秀书籍。

我们如何在生活中变得更具创造力？为什么这很重要？

努力工作当然很重要，但光有努力工作并不能保证成功。世界上到处都有工作勤勤恳恳而仍旧事业平平的人。他们缺乏的往往是创造力，也缺乏去做从未尝试过的事情的意愿。这中间当然需要勇气，但如果我们想表现卓越，创造力始终是至关重要的。

如何才能使自己变得更具创造力？ 每天留出几分钟时间来想想

自己有什么新点子。仅凭这个方法，就能极大地提升你的创造力。你这么做时，要强迫自己多想几个点子，你提出的点子越多，其中产生创意"金点子"的概率就越高。要把自己视为有创造性的人，想象自己就是个天才。当你期望自己有创造性的时候，就会变得更具有创造性。许多人并没有努力成为有创造力的人，因为他们根本就不相信自己能具备这种素质。但最近的研究表明如果花些时间按照这种思路练习，任何人都可以极具创造性。

您能推荐一些激发创造力的实用方法吗？

我喜欢爱德华·德·博诺（Edward de Bono）的"字典技巧"。按照这种方法，你先从字典里找一个简单词汇，然后试着把它和你的问题联系起来。例如，如果你在设计椅子，而你选择的词是"章鱼"，你可能会考虑设计一把有八条腿的椅子，就像章鱼的八个触角一样。但如果你选择"坦克"这个词，你可能会想做出一把像军用坦克一样，沿着轨道前行的椅子。这种技巧非常有助于想出极具创意的绝妙想法，几乎对任何事情都有效。

另外一个实用技巧是给自己 10 分钟的时间，争取每分钟想出一个点子。通过施加压力让自己每 60 秒想出一个主意，那么在 10 分钟内，你往往就会获得数个不同凡响、极具创造性的好点子。

还有一个技巧是将你自己假装成其他人。如果你有管理方面的问题，问问自己："巴拉克·奥巴马将如何处理这个问题？"如果你有关于人的问题，问自己，"圣雄甘地（Mahatma Gandhi）、奥普拉·温弗瑞（Oprah Winfrey）或者教皇将如何处理这个问题？"如果碰到所在行业特有的问题，就问自己，你所在行业的顶尖人物将如何应对这个问题。

当我们的目标似乎不可逾越时，该如何实现它们？

答案是：分成几个小步骤去逐步实现。只要你能持续取得进步，哪怕进步很小，你都能越来越接近自己的目标。要定期提醒自己已经走了多远，而不要老去考虑还有多远的距离，这种思维方法十分有帮助。你还要定期对已取得的成就给自己奖励。

我还强烈推荐一种方法，就是将那些已经在相关领域获得成就的人树立为榜样。俗话说，成功必有成功之道。找出榜样人物为实现那些你目前正在追求的目标曾经做过哪些事情，你也同样照着去做。记住一句老话：过程就是奖赏。最值得回味的是追求目标的过程，而不是实现目标本身。

我们如何在工作中提高生产效率？

如果你问别人，他们工作中最重要的三件事是什么，没几个人能马上回答。对核心工作缺乏清晰的把握，必然导致生产效率低下。所以你一定要清楚，真正考虑清楚，你工作中最重要的三件事是什么，然后确保你一天中至少有 50% 时间花在做这三件事上。如果你这样做

了，生产效率提高将不再成为问题。

我们并不是真的缺少时间。如果我们不花那么多时间在琐碎小事上，就一定能够做好最重要的工作。

列出最浪费你时间的三件事，并承诺将其从生活中彻底根除，这种方法也很有效。以上是一些很简单的技巧，但是相信我，坚持按这种思路对自己的工作方式进行优化，随着时间的推移，你的生产效率将令人刮目相看。

您有什么保持乐观和积极态度的建议吗？

有的。看看那些情绪压抑的人是如何思考问题，并做出有违常理的事情吧！有一种思维结构会导致情绪压抑。认知行为科学表明，情绪压抑的人通常是认为自己遇到的问题：（1）比实际状况更具个性化；（2）比实际状况更严重；（3）比实际状况持续时间更长。但是，如果你反其道而行之，选择去看待你所遇到的问题既不是个性化的问题，也不是无法解决的问题，更不是永恒不变的问题，那么你的情绪就会立即好转。下次你心情不好的时候可以尝试一下，我相信你会发现自己的心情轻松了很多。

另外一些被证明能让人感到乐观的方法包括：每天晒晒太阳，每天列一份感恩清单，和乐观的人一起出去玩，等等。我来推荐一些关于快乐科学的书籍，丹贝克尔（Dan Baker）的《快乐的人都知道什么》（*What Happy People Know*）和马丁·塞利格曼（Martin E.P. Seligman）撰写的《真正的快乐》（*Authentic Happiness*）。一项有趣的研究表明，仅仅阅读《感觉良好——新情绪疗法》（*Feeling Good – The New Mood Therapy*）一书就能改善患者的抑郁情绪，因此我强烈推荐戴维·D·伯恩斯博士（David D.Burns）的这本书。

我们如何克服自我怀疑，建立信心？

人们都经历过自我怀疑的阶段，就是那些在行业领域、体育和艺术领域的超级明星也不例外。然而，我们不必遵从这种自我怀疑。人类大脑研究最有趣的发现之一，就是大脑每次只在思考一个问题。这意味着每次当你感到不自信时，你都可以通过自我调节，用另一个更积极的想法去取代原有消极的念头。这样做一开始似乎很困难，但坚持下去，很快它就会变成你的一种自发行为。

当一个人决定要控制自己的思想，而不是让自己的思想受环境和情绪支配时，这一天就是伟大的一天。我每天早上都要花上20分钟时间，一边听着鼓舞人心的音乐，一边想象着自己生活的美好。我就是通过这种方法训练自己的头脑，使它能够积极而富有建设性地思考未来。

为什么要培养良好的阅读习惯？

人的智慧来自两个方面，一是通过自己的经历，这一过程往往缓慢而痛苦。二是通过向他人学习，这种方式则显得快速而轻松。

但是你从哪儿去找那些真正智慧的人，给你上最有价值的课程

呢？你甚至很难和他们见面。书籍就在此刻登场了。任何公共图书馆里都有成千上万种充满先哲智慧的书籍，这些书涵盖你可能感兴趣的任何领域。只要读一读这些书，你就能在几分钟内获得几个世纪以来的智慧。书籍就是如此神奇！另外，书籍还能提供有价值的观点、新的思维方式，以及既鼓舞人心又易于模仿的新榜样。我通常每年要阅读 25 到 50 本书，几乎都是关于人的能力开发和企业发展方面的书。我最近买的几本书，内容包含成功学、心理学、身心沟通、灵性、股票交易、房地产、时间管理和商界卓越等领域。

为什么在我们做的所有事情中，培养领导力都是很重要的？

要成就丰功伟业，我们不可能孤军奋战，通常情况下，创造任何有意义的事业都需要得到别人的帮助。这就是为什么优秀的领导力如此重要。展示强大的领导力，能鼓舞别人为你的事业提供帮助，从而使你更快地获得更大成功。当人们都支持领导者时，没有什么是不可能的。伟大的领导者会激励、提升、教育、引导周围的每个人，并给予他们信心。这就是为什么领导者在任何家庭或组织中都无比重要。

正如通用电气前首席执行官杰克·韦尔奇（Jack Welch）所说，CEO（Chief Executive Officer）这个词不应该代表首席执行官。它应该代表首席能量官（Chief Energy Officer）。他认为 CEO 最重要的工作之一就是激励员工，让他们感到被赋予了能量。在我看来，这才是真正的领导力。无论你多么专注、多么有才华，单枪匹马就只能做这么多事。此外，所有事情都亲力亲为会使人筋疲力尽、压力倍增。要想企业实现规模化发展，你需要做到四点：具备好的战略，设立优秀的组织构架体系，拥有由杰出人才组成的执行团队，以及一位富有灵感而高效的领导者。没有伟大的领导者，前三项并不足以确保成功。

您相信平静、平衡的生活能提升表现吗？

我当然相信。人类行为研究所（The Human Performance Institute）也相信这一点。他们数十年的研究表明，当人们除了工作目标以外，还有家庭、健康和精神方面的目标时，他们会更快乐、更满足，也一定会更成功。该研究所还证明，在合理的时间下班、定期休息和花一定时间娱乐，会有效地为高管们"充电"。有质量的精力恢复是高性能工作的关键。如果你的整个人生都是工作，那么几乎可以肯定地说，你的表现不会达到应有的最高水平。然而，我们的文化却在崇尚忙碌和工作狂。我们必须抵制这种蛊惑人心的、夜以继日的工作理念。因为它显然是低效的、不可持续的工作模式。

我们如何提高人际交往能力和沟通能力？

我坚持认为与人相处并不复杂。首先，你要花更多时间去与人交流，要去谈他们所关心的事情，而不是谈你的事。其次，你要保持积极乐观。只要做到这两点，90% 的人都会对你表示欢迎，并将你视为

优秀的沟通者。你可以试试看！当然，你也可以去学习一些交流技巧和策略，巧妙地说服别人。相信我，只要遵照前面两条简单的原则，你就会受到广泛的欢迎。

有什么规律性的活动，能让我们保持积极心态吗？

最重要的是要坚持每天塑造自己的思维。每个工作日，我都会进行冥思和祈祷，并至少花 10 分钟阅读一本励志的书，用鼓励的言语同自己对话。到了晚上，我会回顾一下白天做得很好的事情，以及我原本可以做得更好的事情。我还会在脑海中列出生活中所有令我感恩的事，然后想象着自己理想中的生活，慢慢进入梦乡。

按这种简单的规律去执行，只要几周，你就会发现自己对生活的态度更加积极，也受到了更多的鼓励。其中的诀窍在于你不能只是偶尔为之，要持之以恒，将它变成你生活中重要的组成部分。如果你每天不花时间塑造自己的思想，将不可避免地产生消极的、消耗快乐的念头。一两个月后，这种破坏性的想法就会变成习惯，随着时间的推移，它会破坏你内心的平静。

我们必须像训练身体一样，训练自己的思想。我们需要每天锻炼，以保持头脑的最佳状态。这种简单的思想训练每天只需要几分钟时间，但相信我，它绝对可以改变你的生活。

W

您最喜欢的三本关于个人成就的书是什么？

很难有谁能超越布莱恩·特雷西（Brain Tracy）的第一本书《最大成就》（*Maximum Achievement*），这本书是对成功心理学的全面分析。布赖恩研究成功的艺术和科学已经超过 25 年时间了，他确实非常了解这个领域。这本书里有足够的策略和技巧，能让你在十年时间内不断提高自己，争取更高成就。

其次，我一直很喜欢《思考和致富》（*Think and Grow Rich*）。它于 1937 年首次出版，是个人能力发展类图书的杰出作品。我 17 岁的时候读了这本书，它改变了我的人生。

最后一本名为《天才之书》（*Book Genius*），这本书是对世界上一些最高成就者的精彩总结。它是由两位门萨国际的天才（Mensa Geniuses）托尼·布赞（Tony Buzan）、雷蒙德·基恩（Raymond Keene）和一位国际象棋大师共同撰写的。这本书研究了天才的 21 个特征，然后介绍了帮助你成为天才的实用技巧。

关于个人成就的伟大著作真是汗牛充栋，很难把它们压缩成三本书。我的书架上有好几百本了，我几乎每周都会发现又有这类新书出版。这确实是件美好的事情。但是，真止困难的不在于阅读那些完善自我的优秀书籍，而在于把书中的方法付诸行动。

捌

增强大脑和思维能力

爱德华·德·博诺 博士
世界顶级思想家

你就是把现有的洞挖得再深，也无法在其他地方新挖一个洞。横向思维包括改变方法、概念和视角，而不是按照现有的模式加倍努力。

爱德华·德·博诺（Edward de Bono）被认为是创造性与概念性思维领域的国际权威。他拥有医学博士和哲学博士学位，并且是罗德氏学者（Rhodes Scholar）。他撰写了 72 本书，以 41 种语言在全世界出版。世界各地的大公司都纷纷邀请他授课指导。爱德华·德·博诺出生于马耳他，毕业于马耳他大学，他以罗氏学者的身份进入牛津大学，并在那里获得了医学博士学位和两个哲学博士学位。他曾在牛津大学、剑桥大学、伦敦大学和哈佛大学担任教职。他是"横向思维"（《牛津英语词典》中正式收录了这个词汇）这个术语和另外一个非常流行的"六顶帽子思维法"概念的创始人。他为英国广播公司（BBC）制作了系列电视节目《德·博诺的思维课》，为德国的西德意志电台（WDR）制作了《最伟大的思想家》。彼得·韦伯罗斯（Peter Veberroth）是洛杉矶奥运会的组织者，洛杉矶奥运会是奥运会有史以来首次盈利，他将自己的成功归功于应用了德·博诺（De Bono）横向思维工具。成功问鼎美洲杯帆船赛（America's Cup）的队长约翰·伯特南（John Bertrand）也是横向思维工具的受益者。美国保诚保险（Prudential Insurance）前总裁罗恩·巴巴罗（Ron Barbaro）更是将他发明的被认为是颠覆保险业的"生活需要福利"套餐保险产品，归功于德·博诺（De Bono）工具的力量。

德·博诺的企业客户包括：IBM、杜邦、保诚、西门子、伊莱克斯、壳牌、埃克森、NTT、摩托罗拉、诺基亚、爱立信、福特、微软、AT&T 和萨奇等多家企业。最近，国际天文学联合会以德·博诺博士的名字命名了一颗行星，以表彰他对人类所做贡献；南非大学的教授们汇编了人类历史上最具影响力的 250 位人物的名单，其中就包括德·博诺博士。德·博诺博士被授予"教学思维"领域的先驱奖。互联网上提及德·博诺博士的搜索结果有 400 万次。

> **您是如何开始的？**
> **是怎样的早期经历将您塑造成今天的样子？**

我们家有很强的医学传统。我父亲是医学教授，两位叔叔的其中一位是外科教授，另一位是耳鼻喉科教授。所以我从学医开始，并取得医生资格。之后，我以罗德氏学者的身份进入牛津大学学习心理学，获得了文科硕士。此后，我回到了医学领域，在牛津大学、伦敦大学、剑桥大学和哈佛大学进行研究和教学。

1969 年，我写了一本书，书名是《心智的机制》（*The Mechanism of Mind*）。世界上最著名的物理学家，因发现夸克粒子而获得诺贝尔奖的默里·格尔曼（Murray Gell-Mann）教授读到了这本书，他非常喜欢这本书，并委派一个由计算机专家组成的小组模拟我在书中提出的建议。他们报告说，实际情况与书中的表述完全一致。

我对思维的兴趣来自于我对心理学的研究。在我看来，我们现有的思维习惯是优秀的，但还不足够。信息、分析和逻辑都很好，但它们只是思维的一部分。我们需要用"横向思维"补充现有的思维。当我在 1967 年撰写第一本书《横向思维的使用》时，社会中对思维最感兴趣的部门是商业领域，这种情况一直持续到今天。我继续从事医学研究多年，并写了许多其他的书。当我对这项工作的兴趣增长到一定程度时，便离开了原来的医学领域，全身心地投入到对思维的研究中，尤其关注思维对商界和教育界的影响。

> **一直有人说我们只使用了大脑的一小部分。有什么方法能提升我们大脑的能力呢？**

在过去的 2400 年中，世界上大约有十万人为大脑编写软件。这是从由苏格拉底（Socrates）、柏拉图（Plato）和亚里士多德（Aristotle）组成的"希腊三人组"开始的。他们三人开发的思维逻辑，被我们沿用至今。我们今天使用的思维软件就是由希腊三人组在 2400 年前设计的。那种思维在文艺复兴时期得到了教会的认可，此后一直是我们教育和思想的核心。这种思维很出色，但并不充分。

我们培养出一种"善于发现真相"的思维方式。这在科学上也证明是非常有用的。学校和大学教授们使用的正是这种思维方法。但是我们从来没有培养出"创造价值"的思维方法。我们对传统的思维习惯和方法过于满足，以至于没有意识到它们可能具有的局限性和原始性。在发生冲突的情况下，我们急于判断谁错了。然后我们基于这些判断，继续推进工作。这正是因为我们的传统思维是基于认知和判断。这就像一个"亚里士多德的盒子"。你是掉进了"有罪的"盒子中，还是掉到盒子外面？这种思维方式在领导人、政治家、联合国和媒体等领域都很常见。它是一种正常的、明显的反应。

毫无争议的是，我们可以用"平行思维法"和"六顶帽子思维法"去考虑。在这些方法中，各相关方在任何时候都会朝着相同的方向观察和思考。不同的"帽子"象征着方向的变化。最后，我们将完成对问题彻底、诚实的探讨。你并不是通过证明某人是错的，而是通过在每顶"帽子"下更好的表现，来证明自己。

我们如何提高思考和解决问题的能力？

第一步就是要改善你的思维。如果你相信自己是位伟大的思想家，你就不会想采取行动来改善思维。如果你认为自己是位思想家，你也会骄傲自满。如果没有改善的动力，你就永远都不会改变自己的思维方式。你可能会相信拥有越来越多的信息就足够了。信息固然是必要的、也非常有价值，但只拥有信息肯定是不够的。你可能认为思考是智商的问题，如果没有高智商，就什么都做不了。你也许还会认为如果自己智商很高，就无须再去做什么。事实并非如此，思考和智商毫不相关。智商就像汽车的马力和发动机，而思考就像驾驶汽车的技巧。有些高智商的人思考能力很差，他们陷入了智商陷阱中。

思考的目标是为了审视一下是否有更好的或者更简单的做事方法。感觉良好往往会阻碍我们追求卓越。你如何解析问题，这才是关

键。我们很难确认自己已经掌握了最实用的解析方法，所以值得尝试用不同的方法来分析并解决问题。和往常一样，感知能力很重要。你如何看待这个问题？如何看待这个问题的背景？这里面包括涉及的其他人、可以获得的信息、可能采取的行动等。在进行这些思考的同时，思考的目标又是什么？在思考的过程中，保持条理性且深思熟虑非常重要。不能混淆信息，或者希望解决方案会以某种方式浮现出来。我们采取的每一步都应该是正式而慎重的。

有时候，把自己换位成另一个试图解决同样问题的人也很有帮助。其他人会怎么做呢？你处理问题的方式与他有什么不同？你能从这种差异中学到什么？最重要的是，要在行动中留意自己的思想。要关注你正在做什么，关注你所采取的步骤。

什么是感知？
为什么感知有时比现实更重要？

感知是真实的，即使它还不是现实。我们根据自己对现实的感知而做出反应，而不是针对现实本身做出反应。哈佛大学的大卫·帕金斯（David Perkins）教授在他的研究中表明，90% 的思维错误是感知错误。

有个小男孩被他的朋友们要求在 1 澳元的硬币和 2 澳元的硬币之间进行选择，2 澳元硬币要小很多。他被告知可以保留自己所选择的那枚硬币。男孩选了那枚 1 澳元的大硬币。他的朋友们都嘲笑他愚蠢。他们每次想戏弄这个男孩，于是就重复做这个测试。但这个小男孩并没有吸取教训，他总是选择更大的硬币。有个成年人问他是否知道小硬币的价值是大硬币的两倍。他当然知道，但是如果他第一次就选了较小的硬币，他的朋友们还能给他多少次硬币呢？这个男孩所感知的内容不仅包括硬币本身，还包括对他的朋友们及其行为的预测。

一旦你察觉到某件事，就不会对它视而不见。感知能控制情绪，情绪会影响行为。因此，感知是思维的基础——尽管它已经被彻底忽略了。

许多学校和公司都在利用"六顶帽子思维法"来寻找解决问题的方法。
您能解释一下那是什么吗？

从希腊三人组开始，我们使用论证法已经有 2400 年了。我们把它作为主要的讨论方法。我们在国会讨论中用它，在法庭辩论中用它，在讨论家庭问题时也用它。

当我们试图证明某事确实发生或没有发生的时候，比如在法庭上，论证具有最高的价值。当我们试图证明或反驳一个理论时，论证也很有用。在所有情况下，论证都是原始的、粗糙的和低效的，也是消极的。论证就是关于进攻和防守。这个过程中没有设计的元素，没有试图调和不同的观点。人们变得更关心他们的论点而不是主题本身，争论更多的是关于自我，以及通过证明对方的错误而感到的优越感。但是，我们能用什么方式来代替争论呢？我们可以使

用平行思维。

想象有四个人，每人都分别面对着建筑的四面。每个人都坚持认为自己所面对的那一面，就是建筑最美的一面。他们可以一直争论下去。如果每个人都走到同一面，又都看到了什么呢？然后他们再转到另外一面，以此类推。直到他们一起观看了建筑的每一面。这时候，原本 A 不同意 B 的对抗性思维，就转变为 AB 两人面向同一方向的平行思维。而这时候，方向就发生了变化。

我们以能被戴上或脱下的"思考帽"为象征，代表不同的方向。六顶帽子象征着六种不同的思维方式。白色帽子代表收集信息；红色帽子代表感情、情感和直觉的表达；黑色帽子代表批判性思考、谨慎和风险评估；黄色帽子代表利益和价值；绿色帽子代表创造性、替代性的新想法，以及修改意见；蓝色帽子代表对思维的组织。我们通过决定重点，决定不同帽子的顺序，并把结果整合在一起。这些帽子并没有固定的顺序，不过在有关"六顶帽子"的培训课程中，还包括如何使用不同顺序的建议。

在工作和家庭生活中，使用"六顶帽子思维法"的直接好处是什么？

无论是在大公司的董事会，还是学校里四岁的小孩子，都可以使用这种方法。这种方法被世界上许多不同的文化、不同的民族使用。所有与会者的全部思考能力都集中在探讨问题上，而不是集中在证明某个问题上。这种方法被广泛应用于商业，因为做出正确的决策要比证明某一点更重要。这种方法也被广泛应用在家庭讨论，在家庭讨论中，争论很快就变成了对立情绪。有位高管告诉我，当他生 6 岁女儿的气时，女儿就让他"脱下红色帽子"。

想到 2400 年来我们一直热衷于论证，我就感到不可思议。为什么像"六顶帽子"这样简单而强大的方法，没能在多年前就被发明出来呢？这可能是因为智力发展一直掌握在那些并不关心实践思维的研究人员手中。"六顶帽子思维法"能够被文化不同、年龄各异的人们使用，这也是它实用性优势的体现。

这种方法可以大幅减少会议时间：加拿大的 MDC 表明，使用"六顶帽子思维法"仅一年时间，就为他们节省了 2000 万美元。挪威国家石油公司（Statoil）遇到一个石油钻机的问题，日成本高达 10 万美元。他们已经花了两个星期时间来寻找解决方案。我的一位培训师詹斯·阿鲁普（Jens Arup）向他们介绍了"六顶帽子思维法"。12 分钟之后，他们就有了一项能节约 1000 万美元的解决方案。

什么是横向思维？
我们如何将其融入日常生活？

你即使把同一个洞挖得再深，也无法在其他地方挖出一个新洞。横向思维的核心在于改变方法、概念和视角，而不是按照现有模式加倍努力。

我们总以为创造性思维是一种神秘的天赋，有些人天生就有，有些人只能羡慕别人。在人类历史上，我们首次把创造性思维视为一

种可以被有意识地教授、学习、实践并使用的技能。正是因为有史以来，我们首次根据大脑的实际工作方式来设计思考工具，而不是在做文字游戏。而那些哲学家们多年来一直在做文字游戏。

一个人早上起床后，开始考虑他必须穿上 11 件衣服。他给自己的电脑编程，以便自己能通过各种可能的方式，穿上 11 件衣服。整个过程需要一台计算机处理 40 个小时的数据。这并不奇怪，因为 11 件物品有 39916800 种穿戴组合。如果想在清醒时的每分钟都尝试一种，需要活到 76 岁，而且要一直试穿衣服，不干其他任何事情。那种生活简直太糟了！可是我们并不需要这样做，这是因为大脑允许我们按照一定的模式，组织输入的信息。一旦这些模式已经形成，我们只要使用相关模式就好了。这就是为什么你能穿衣服、过马路、开车上班等等。这也就是你能在工作中读书、写字的原因。

当我们努力改变方法、改变感知、改变我们正在使用的概念时，我们确实可以将横向思考的普遍习惯融入日常生活。横向思维的工具要比普通的方法更强大，但我们也确实需要严谨地使用这些工具。

横向思维将如何有助于解决世界问题？

当我在撰写这些内容的时候，以色列最近入侵了加沙地带，以阻止多年来向以色列发射的火箭。在入侵的过程中，许多人丧生，造成了很大的破坏，但火箭发射仍在继续。以色列政府对火箭轰炸的反应很传统，就是用更强大的武力来制止武力。这里有一个更为横向的解决方案。创建以色列的那些国家应该共同为巴勒斯坦人设立每年大约 30 亿美元的捐款。每次向以色列发射火箭，巴勒斯坦人将会损失 5000 万美元。因此，发射火箭不再是英雄行为，而是要付出高昂代价的行为，甚至会搭上一所学校或者医院。

在津巴布韦，穆加贝总统在担任国家领导人 28 年后拒绝放弃权力。因此，其他国家不愿为该国提供急需的经济支持。最终，他们达成了一项分权协议。横向解决方案是给予穆加贝"国父"的永久称号，这也是他应得的。他会获得一座行宫和一份收入，有权每年在议会否决任意三项法案。他将终生享受所有这些待遇。届时，他有可能愿意退出政坛。在担任国家领导人 20 年之后，简单地要求总统下台，并不可取。

横向解决方案不一定是最佳的、或唯一的解决方案。它是额外的备选方案。我们可以直接使用这种解决方案，它也可能引导出其他的方法。重要的是，横向解决方案摆脱了传统的模式。你不可能通过把同一个洞挖得更深，就能在别的地方挖出一个洞。我们传统的思维习惯坚持认为，在开始寻找更好的办法之前，必须对现有想法发起攻击，并证明它是错误的。但通过横向思考，你不仅能认识到现有方法的价值，还可以开始寻找更好的想法。

> 您曾说过地球和人类面临的主要问题是思维的不完善，请您详细阐释一下。

希腊三人组为我们留下的思维方式，在很大程度上依赖于对事物的评判。我们总是对事物的本质做出判断：好人、坏人、英雄、

叛徒等等。

两千年前，中国在科学技术方面领先于欧洲。中国人已经拥有火药、火箭等东西。如果中国一直坚持走这条成长道路，今天的中国很可能已经是世界上科学、技术、经济等领域的主导力量。究竟发生什么事了？出现了什么问题？

学者们似乎变得非常傲慢。他们相信只要调查事实和证据，并得出合乎逻辑的结论就足够了。他们对推测、想象和其他可能性并不感兴趣，发展也因此就走进了死胡同。他们对"是什么"感兴趣，却失去了对"可能是什么"的好奇心。我曾试图在联合国成立一个"创造力小组"，在危机局势下提供替代的前进方式和可能性。这种想法很快就被证明不可行。我被告知人们在联合国是为了代表自己的国家，并不是为了思考。

因此，我们需要用平行思维（"六顶帽子思维法"）进行设计，把它作为原有辩论和判断习惯的补充。真正的问题在于我们对现有的思维习惯高度自满。我们深信这些思维习惯是优秀的。这有一部分原因是我们在科学和技术上已经获得的成功，另一部分原因则是我们只用相同的思维习惯评判自己的思想。大多数人把气候变化视为人类所面对的最大问题，我并不同意。我相信思维软件的不完善才是真正的根本问题。如果我们加以改进，就能更有效地应对气候变化。

为什么有时候拥有的经验、信息、分析和逻辑不足以解决问题？

经验会帮助我们采用过去的惯例做法，经验会使我们按照过去行之有效的标准进行响应，经验会使我们认识到周围的情况。乔治·桑塔亚纳（George Santayana）有一句名言："如果你不从过去的错误中吸取教训，就注定要重蹈覆辙。"这无疑是真实且有价值的。但是还有一句名言（我自己说的）："如果你从过去的成功中学到了太多东西，就注定会被它们困住。"

这意味着如果以往的思维模式、解决方案有效，我们会倾向于再次使用。这么做实际上会阻碍我们进行任何全新的思考。"恰当的方法"就可能会阻碍我们寻找"最好的方法"。因为我们已经有了一个适当的行事方式，就不会再努力思考。在这种情况下，经验的消极意义就会超过它的积极意义。

很多人以为拥有信息、分析和逻辑就足够了。不幸的是，这正是当今大多数思想家的普遍信念。因为到目前为止，我们还没办法以一种慎重的方式，正式使用创造性思维，所以这种思维方式只能被排除在外。今天，当我们拥有了横向思维，就可以将这种创造性思维的元素应用于思维的每个阶段。从任何方面来讲，我们传统的思维方式绝对不是错误的——但它们是不完整的。我们需要为现有的方法注入更新颖的思维角度（感知性、创新性、设计性、并行性等）。

如何在每个层面提高我们的沟通能力？

不久前，美国联席会议参谋长禁止在会议上使用 PPT 做演示。因为这种方式能让试图沟通的人，把观点逐一列出，再通过电脑投射出来。这种方式也许能"表达"沟通者的观点，但对那些需要对所有信息进行分类的观看者而言，却没什么大用处。

改善沟通的第一步是将注意力从沟通者转移到接受沟通信息的人。太多的沟通和交流其实只是沟通者的自我练习，对于听众或观众而言，完全不能理解。

在良好的沟通中，需要对信息接受者保持高度敏感。接受者使用什么概念？哪些价值对接受者而言很重要？现有的观念是什么？如何改变这些观念？太多的交流就像用猎枪朝着天空射击，却希望它能击中飞过的鸟儿。就如在其他许多领域一样，简洁性在沟通中是必不可少的。可能的话，沟通也应该是有趣的。

您对理想世界的愿景是什么？

在理想世界中，我们可以提出任何结构性的改善建议。为了拥有更美好的世界，我们可以做出许多改善。我并不想列出所有这些可能性，但我把它们缩小到三项基本的习惯和技能，每个人都应该学习、实践并且培养这三种习惯。

第一种习惯是"幸福"。我曾经写过一本书，书名是《幸福的目的》。这本书的全部内容就是要保持幸福。为了实现这个目标我们可能有多种不同方法，但重点在于我们需要培养幸福快乐的习惯。

幸福不仅是没有疾病、痛苦、悲剧、困扰等等。幸福不是白色画布上只有白颜色，没有其他任何颜色。幸福本身就是一种明确而刻意的感觉。必须在孩子们很小的时候，就鼓励他们要幸福快乐，而不仅是获得更多的玩具和糖果。

下一个习惯是"保持积极"心态。"保持积极"与幸福既相互重叠，又不尽相同。保持积极通常会带来幸福，反之亦然。不过，即使你并不幸福，也有可能保持积极态度。保持积极可能是比幸福更容易学会的习惯。如果你感到悲观、沮丧、消极，没有任何事情能得以改善。如果能够保持积极，即便有时候情况相当困难，你都会努力发现其积极的一面。

保持积极心态意味着当我们面对无法控制的事件时，能够做出积极的反应。保持积极意味着去做那些本质上积极的事情。保持积极意味着帮助并且引导他人变得积极。消极的人会自食其果，而且会带动周围的人和他一样消极。消极往往是一种自我放纵，当事情不完全如你所愿时，你就去责备这个世界和其他人。保持积极态度能打破消极的恶性循环。保持积极态度并不意味着听天由命，全然接受命运的安排。我们完全有可能既保持积极态度，而又充满活力。

第三个习惯是"思考"。许多受过教育的人都表示他们在思考，但情况往往并非如此。这种人会分析情况，识别其中的标准因素，然后他们会使用标准的解决方案。通常情况下，这么做也能够见成效，但这实际上只是一种贫乏的思维方式。我们要在孩子很小的时候就教

会他们感性思维的全部习惯。他们应该学习使用"六项帽子思维法"的平行思维方法，并以此替代对抗性的论证式思维法。他们应该学习横向思维这种严谨的工具，并学会刻意创新，而不是干坐着等着别人出主意。

有了这三种习惯，人类就可以着手改善世界，并建立更好的机制和架构。世界上也就不会出现冲突和争端。即使有冲突，也可以通过设计而不是判断来解决问题。

> 爱因斯坦说："我们所面临的重大问题，无法依靠我们创造这些问题时的思维水平获得解决。"您觉得他的说法与当今的世界有何关联？

爱因斯坦是天生的横向思想家，他总是挑战公认的信仰。

他的这句话与今天的问题很相关。在大多数情况下，产生问题的思维是判断性思维。这意味着将人和问题放在贴有标签的盒子里，并把它们放在一边。然后你根据盒子上的标签来处理这种情况。爱因斯坦的意思可能是，正是由于我们的思维有局限性，才造成了这些问题。这种情况确实经常发生。同样的情况是，无论问题最早是如何产生的，我们有限的思维都不能彻底地解决它。

仅仅谴责我们传统观念的局限性是不够的。提出替代和改善方案的建议非常重要。例如，可以将重点从判断转移到设计。我们可以去寻求利用横向思维的创造性，我们可以用平行思维代替争论。所有这些建议都是切实可行的，甚至从判断到设计本身的转换也能产生强大的影响。

为什么解决问题在思考中是个大问题？

许多人，尤其是在北美，认为思考的目的就是"解决问题"。他们的意思可能是，你为自己设定的任何一项思考任务，都会成为一个需要解决的问题。然而，将思维视为"解决问题"的普遍后果却是，我们只将思维应用于已经感知到的问题。

比尔和梅琳达·盖茨基金会（The Bill and Melinda Gates Foundation）慷慨解囊，为非洲艾滋病的治疗捐款。基金会也会为其他问题慷慨解囊，其他基金会也曾有类似的表现。因为那里有明显的问题需要解决。假如我请求某个基金会为"改善人类思维"提供帮助，将会发生什么呢？我曾经尝试过，所以我知道答案。基金会明确表示，他们只做能解决问题的事。

需要进行大量思考，但这却不是在解决问题。你可能会说"改善人们的思维就是我想解决的问题"。但是，这个项目将得不到资助。无论我认为这有多重要，人们并不会将它视为一个明显的问题。这有点像医学只关注明确的疾病，却并不在意普遍的健康和福祉。无论是否属于明确的问题，生活中的许多方面都需要我们做定期的思考。它们也需要引起那些专注思维的团体的注意，也许这些团体应该在新成立的思维部领导下开展工作。

思维不仅仅是解决问题，我们有必要对每一件事都进行思考。

我们怎样才能创造一个更美好的世界？

简单而直接的答案是：在从小学到大学的各年级教育中，教授思维方法。研究已经表明，教授思维能使暴力犯罪减少 90%，就业增加 500%，每门功课的表现都能提高 30% 到 100%。我们的社会需要这些变化。我们需要从判断和逻辑型思维，转向使用设计和创意型思维。

我们可能需要引入平行思维法（"六顶帽子思维法"），而不是进行议会辩论。我们需要设计出新的金融体系，不让最近出现的那些危险和过激情况发生。我们可能会鼓励媒体对前景抱有更积极的态度，即使这远比持消极态度更困难。也许每份报纸上都应该有一个保持积极态度的版面。大学将不再仅仅传授知识，因为在数字世界中，我们可以从其他地方获得知识。大学教授的技能应包括：信息技能、思考技能、人际技能、管理技能、创业技能、生态技能等。大学应该拥有具备思考能力的员工队伍。

我们应该鼓励甚至训练自己拥有快乐和积极的态度。我们有时候觉得需要去抱怨和发牢骚，但这对社会的贡献微乎其微。人们会奖励那些能改善或简化社会的新想法。思维能力会被视为与橄榄球或者板球一样，同等重要。

很多人都想改变这个世界，
应该从哪里开始呢？

学会思考将使一个人能够掌控自己的生活。因此，教会别人思考可能比其他任何事情对个人和整个世界的影响都大。对思维的学习能大幅减少犯罪，显著增加就业，并对企业绩效产生重大影响。

因此，如果你想改变世界，有一种确定的方法就是鼓励并促进将思维作为一种技能，进行直接的教学。这可以通过将其纳入学校的课程来实现。思维课程也可以被纳入大学的基础课程之中。你可以开始教会弱势群体如何思考。你还可以去鼓励发展中国家对这一重要问题给予更多关注。

为了直接改变我们的生活，
我们今天能做些什么呢？

我建议人们读我写的书。他们有可能会从书中学到一些东西，也有可能更加确信自己的自然思维法确实有效——即使学校所教授的并非如此。许多人告诉我，读过我的一本书之后，他们的生活发生了改变。阿肖克·乔汉（Ashok Chouhan）在巴黎机场的书店买了我的第一本书，并把它放在公文包里30年。他告诉我当时他口袋里只有3美元，而如今口袋里有30亿美元，80%是因为读了我的书。在巴塞罗那的一个研讨会上，有个男人走到我面前，告诉我他在学校时一无

是处，在读了我的书之后，目前在西班牙拥有七家公司。这样的例子还有很多。

认识到思考的作用不仅仅是为了解决问题，这点同样重要。我们也可以去考虑一些不是问题的事情，这些事情甚至看起来非常令人满意。思考这些事情可能意味着某种改进，甚至是一种全新的做事方式。每天都要留出一些整段的时间，专门坐下来思考。您可以将关注点列表，然后按照它稳步工作。这种训练包括坐在那里，只是思考一下自己关注的焦点，并记录自己的想法。每个家庭都可以在每周留出一个晚上，全家人一起思考。这么做既有趣，又有教育意义。无论是在现实生活中，还是在虚构的场景中，大家都能学到并使用思考工具。另一个步骤是学习"六顶帽子思维法"，并在家庭和工作中使用它，而不要在讨论会上进行争论。这同样适用于学习使用横向思维工具。

将梦想变为现实

索尼娅·乔奎特
职业生活教练

直觉源于内心，然后在我们的身体中产生共鸣。它有时会超越我们有意识的智慧思维，利用其他感官引导我们，在每时每刻为自己做出最好的决定。

索尼娅·乔奎特（Sonia Choquette）是一位独特而非凡的精神导师、直觉导师，同时也是一剂出色的催化剂。她在 30 多个国家出版过 10 本畅销书，包括《心理路径》(*The Psychic Pathway*)、《你内心的渴望》(*Your Heart's Desire*)、《直觉的火花》(*The Intuitive Spark*)、《真正的平衡》(*True Balance*)、《一位精神科医生的日记》(*The Diary of a Psychic*)、《相信你的感觉》(*Trust Your Vibes*)、《询问你的向导》(*Ask Your Guides*)、《灵魂的课程和灵魂的目的》(*Soul Lessons and Soul Purpose*)，以及《时间已到来》(*The Time Has Come*)。她还推出了大量生动的音频产品和冥想课程。索尼娅一直是许多新时代领军人物的私人直觉顾问，其中包括路易丝·海伊（Louise Hay）、茱莉亚·卡梅伦（Julia Cameron）、卡洛琳·梅斯（Caroline Myss）、韦恩·戴尔博士（Dr. Wayne Dyer），以及来自流行摇滚乐队"砸南瓜（Smashing Pumpkins）"的偶像比利·柯根（Billy Corgan）等人。她还担任夏洛特比尔斯公司（Charlotte Beers）和财富 500 强企业首席执行官的专业顾问。

索尼娅富有激情、活力四射、她拥有强大和直接的沟通能力，能立即把人们从那种依靠五种感官生活的局限性和恐惧感中解放出来，并引导他们在精神引领下（六种感官）去营造更有效的成功生活。她坚持认为这才是"我们自然的生活方式"。利用自己高度发展、精心调试的直觉能力，她可以立即识别自我破坏的模式和生活的障碍，并引导人们克服这些障碍，实现所有目标。她的表述清晰简洁、切中要害、实用性强、脚踏实地，有时还颇为滑稽幽默。索尼娅的直觉天赋和专注精神经常能激励大家，即使是最愤世嫉俗的人，也会深受鼓舞。毫无疑问，能与索尼娅见上一面，你的生活就会发生改变。

她的著作《你内心的渴望》现在已被圣莫尼卡大学（University of Santa Monica）列为必读书目，她撰写的《聪明的孩子》（*The Wise Child*）一书是亚特兰大大学主办的"第一届亚特兰大儿童精神问题国际会议（International Conference on Children's Spirativity）"的专题图书。长期以来，索尼娅一直是美国广播公司（ABC）、美国全国广播公司（NBC）、美国有线电视新闻网（CNN）、美国 Fox 电视台和芝加哥电视台（WGN）的座上客，同时还是《新女性》杂志、《新时代》杂志、《今日美国》《身体与灵魂》《芝加哥论坛报》《芝加哥太阳报》和《克雷恩芝加哥商业杂志》等媒体的特邀嘉宾。

索尼娅曾在丹佛大学和巴黎索邦大学学习期间，接受了心理艺术、超自然法则方面的高深教育和训练。随后，她在美国整体论神学研究所接受了灵性教育，获得了玄学学士、硕士和博士学位。然而她坚持认为，她所接受的最好教育来自35年的"战壕"里的实际工作，这段经历让她得以直接与世界各地的人进行交流。索尼娅和她的丈夫、两个女儿以及宠物狮子狗 T 小姐一起在芝加哥生活。

您是如何开始的？
怎样的早期经历将您塑造成今天的样子？

每当有人问我是如何开始成为直觉导师的时候，我都会陷入思索，因为我实在不记得自己是什么时候开始走上这条道路的。好像这一直就是我的道，是我倾听内心，为自己、为他人提供心灵指引，同时也鼓励别人这么去做。我在一个被称为"六种感官"的家庭中长大，直觉向来在家庭讨论和做决定的时候，发挥自然而必要的指引作用。在母亲的带领下，我和兄弟姐妹们从小耳濡目染：每个人的内心都有一个声音，它直接通向源头或神圣意识的生命线。如果我需要做决定，寻找答案或寻求方向，都能从它那里获得可靠的指引。这就是我母亲的生活方式，也是她抚养我成长的方式。跟随内心的直觉是很自然的，而且也是有效的。

您认为找到人生目标的最好方式是什么？

找到人生目标的最好方式是发现自己真正爱的是什么，什么能让自己达到忘我的状态，什么能让自己兴奋和快乐，精神永远得到满足。如果你找到了，那就去做吧。我们生活的目标在于获得快乐，并享受实现目标的过程。一旦发现了这个目标，就应该专注于那些能给我们带来快乐的事情。然而，人生目标不一定就是一种职业，许多人混淆了这一点。我们的目标就是对生活的贡献，我们能做的最大贡献，就是愉快地投入到自己热爱的事业之中。

您认为什么是真正幸福的秘诀？

真正幸福的秘诀是双重的，首先我们必须学会区分"自我"和"精神"，这其实是很简单的一件事。"自我"会在生活中自己选择，它把世界看成令人恐惧并且需要防范的东西。从另一方面来说，灵性会自己选择进入生命，并把他人视为志同道合的伙伴。当我们意识到与他人都具有相同的灵性，彼此紧密联系，又有各自的特点时，就会全身心地投入并享受生活。"自我"总是痛苦的，怀有一种不安全感，经常觉得身处威胁之中，所以我们要去驾驭它。我们同时还要培育好自己的"精神"，"精神"总是自发的、开放的、能够接受生活的美好。其次，无论认为自己能以什么方式做出最好的贡献，我们都要全心全意为他人服务。如果我们不局限于只满足自己眼前的需要，而是致力于整体改善，我们就会体验到真正的幸福。

您如何定义真正的伟大？

真正的成功就是自我感知舒适和惬意的能力。这种能力要建立在开创性的生活，并能做出选择的基础上。这些选择要能反应自己的爱和真实想法。我们要敞开心扉，宽厚待人。这能使我们在夜深人静时，与所爱的人安然入睡。

心灵的渴望和精神需要有什么区别？

心灵的渴望反映了最真实的自我。这种渴望会拓展你的能力，让你施展才华，在营造自身快乐的过程中，让世界更美好。而精神需要通常是对他人意见的反映，它的出发点是要得到认可，隐藏在背后的则是恐惧和控制生活的欲望。内心的渴望来自最真实的自我，一旦实现了，你会获得深深的满足感和内心的宁静；而精神需要则来自一种局促感，它使你焦躁不安、缺乏满足感，空虚无力。

我们怎样才能知道自己内心真正的渴望是什么？为什么这很重要？

想要找到你内心真正的渴望，只需把手放在胸前，然后用三分钟的时间大声说："如果我不害怕，我会……"，然后仔细思考一下内心在说些什么。其实你真正的内心渴望就隐藏在恐惧的背后。用这种方式让恐惧退到一边，你内心深处的渴望便跃然而上。

在表达我们的渴望和梦想时，最重要的原则是什么？

创造你内心的渴望有九项基本原则。每条原则都建立在前面一条原则的基础之上，这就创造出一个能量的陀螺。一旦身处其中，你就能从宇宙中吸取生命的力量，以彰显内心的愿望。这些基本原则是：

专注于你的梦想

从你的潜意识中获得支持

想象出自己的梦想

消除你的障碍

对指导保持开放态度

选择用爱来支持自己的梦想

交出控制权

展示你的梦想

忠实于自己的梦想

什么是潜意识？
我们如何让它在实际中为我们服务？

我们的潜意识是意识的最伟大的盟友。它作为我们意识的一部分，让我们创造性的能量流活跃了起来。潜意识就像是意识的代表一样，顺从地遵循着意识的指令。潜意识实际上就是一台"遵命"机器，它与我们的意识大脑保持一致，并努力把我们的思想意识流变成现实。影响潜意识的最好方式就是不断重复，重复得越多，潜意识就越能接受并执行命令。

我们怎样对潜意识重新编程?

对潜意识重新编程的最好方法是聚焦当下,用简单、直白的语言与之对话,这么做的结果会让你惊愕不已。例如,你要大声说,"我很高兴被聘用了。"而不是"我想找一份新的工作。""我的爱人是位完美的伴侣。"而不是"我想要从生活中得到爱。"同时,另一种对潜意识进行编程的方法既简单又有趣。你可以编一段简单的旋律,表达内心的渴望,然后反复唱出来,如,"我爱生活,我爱自己,我拥有需要的一切。我欣然接受一切。"这是我刚编出来的,很顺口,也很容易记,而且令我发笑。这几句话,我能不停地唱上一整天。就这样,你的潜意识就会把歌曲里传递的信息内化于心,并努力使之变为现实。

我们的信仰如何影响生活的结果?
我们怎样才能了解自己的信仰是什么?

信仰是我们自身进行创造性表达的原动力。我们相信的事情,就会成真。例如,两个人在周五下午驱车来到芝加哥市中心,并寻找免费的停车位。其中一人相信自己能找到,而另一个人相信自己找不到免费车位。最后他们都是正确的,当然只有一人无须支付停车费。明白我的意思了吗?想知道你的信仰是什么,你只需要观察自己的生活,它就是一面诚实的镜子,能准确地反映出你的信仰。我认识一对持有不同生活看法的夫妇，其中，太太相信生活是美好的，无论在什么情况下，宇宙都会眷顾她；而丈夫却认为生活是危险的，不能完全相信任何人，他认为混乱随时都在毁掉他的生活。太太在工作中刚被提拔，他却遭到解雇。太太在银行举办的抽奖活动中，赢得飞往旧金山的机票，而他却丢了钱包和全部现金。她从准备搬家去纽约的朋友那里得到了一辆车，而他却在修理新出现的刹车问题时上当受骗。他们俩都是非常有效的创造者，只是相信的东西完全不同。

我们如何才能去除消极的信念，实现内心的愿望呢？

我们通常并不相信自己想创造的东西会实现，这就是为什么我们不把他们展现出来。然而，我们可以将自己置身于我所谓的"相信的眼睛"的包围之中，以此来消除疑虑。换句话说，去找到那些相信你梦想的人，让他们在你感到困惑的时候鼓励你。举例来说，我多年前的愿望就是写一本书，但我怀疑自己是否有能力做到。我的好朋友朱丽亚·卡梅隆（Julia Cameron）了解我的愿望，并坚定不移地鼓励我用六个月时间去写作，她一直对我说那将是一本多么美好的书。尽管我的内心允满了疑惑，但我仍然相信她对我的信任，直到我逐渐开始对自己产生了信心。在她的支持下，我在自我怀疑和恐惧中用六个月的时间完成了我的第一本书——《心理路径》（The Sychic Pathway），并在一年后出版。这本书是我的梦想和她的支持相互交织的结晶，如果没有她那双"相信的眼睛"，我怀疑自己是否能坚持到底，并最终

获得成功。

渴望结果和企盼结果，
两者之间有什么区别？

渴望是激发创造力的火花和催化剂，而企盼则是维系创造力的持久力量，是自己最宏大的愿望。企盼会使渴望从单纯的愿望转化为坚定的行动。一旦真正投入，去实现自己内心的企盼，就没有什么能阻挡你前进的步伐。

遭遇挑战和障碍时，
为什么保持优雅、平衡、感恩很重要？

克服障碍正是一种创造内心渴望的过程。如果你被障碍吓倒，你就失去了对成功的专注力、企图心和想象力。保持优雅、平衡和感恩不仅会增强自身对恐惧和怀疑的免疫力，还会让我们与那条展示自身愿望的非凡道路相互连接。心怀感恩会提醒我们，无论何时、面对什么障碍，我们最终都会一如既往战胜它们。即便遭遇挫折，你也会受到启发，并找到另外一条前进道路。当遇到挑战时，保持注意力集中的最好方法，就是用自己的呼吸穿透障碍物，想象着它们在你眼前消融，就像施了魔法一样。如果你这样做了，那些障碍就会消融。

在实现的过程中，
为什么臣服和放手很重要？

虽然我们是拥有创造力的生物，但也必须牢记，宇宙和我们是共同的创造者，而宇宙才是最终的主宰。我个人的建议是，我们要告诉宇宙自己想要什么，但要让宇宙告诉我们，那些企图将会如何在我们的面前展现出来。如果我们坚持控制整个过程，就只能利用已知的资源，这些资源通常是有限的。我们无法利用那些未知的资源。在那些未知的资源里，一切皆有可能。这就是为什么一旦我们已经竭尽全力去实现内心的渴望之后，就必须向宇宙臣服的原因。请记住，虽然我们能选择自己内心愿望的种子，准备好土地，用我们的爱与关怀播下种子，给它们浇水，但我们并不能让那些种子生长。我们只能尽力创造完美的条件，当我们做到这些时，必须要相信宇宙将会为我们培育种子。一旦我们尽了自己的责任，就必须放弃控制权，让宇宙为我们服务。

大多数人不能做到超然，
感觉这样就像放弃了控制权。
您对此有何看法？

想达到超然的境界就要认识到，虽然我们感觉一切都在掌控之中，但实际上并非如此，宇宙才掌控着一切。谢天谢地！宇宙才是真

正的主宰。我可以用手握住什么东西，比如小橡胶球，我建议大家练习这种感觉。你先把球紧握在手中，然后松开手指，球就会落下去。如果我们能训练自己的身体放弃执着，我们的头脑也会亦步亦趋。超脱并不意味着放弃，而是我们后退一步，让事情自然而然地发生。我们可以把这种超然的态度想象成用力推一扇门，虽然很费力地推，但门还是纹丝不动。这时我们退后一步，松开手，就会意识到门是朝内开的。

> 大多数人都希望先得到保证，
> 才愿意向前迈进一步。
> 我们怎样才能学会放手，并且培养信心呢？

创造力需要承诺。如果你想展现一些新事物，你必须承诺让它发生。没有承诺就不会有创造性的结果。如果你手里拿着一包种子，却一定要有人承诺它们会成长，才肯播种，你将永远不会享受由种子结成的果实。这是因为保证并非来自外界，成功的保证来自于内在，来自于你的企图心和坚持到底的意愿。你才是那个付出努力，决定结果的人。当我们面对失望的恐惧时，克服恐惧最好方法之一就是带着信念去工作。关于信仰，我最喜欢的定义是"基于你现在所做事情，而对未来产生的信心。"换句话说，认真履行自己的职责，按照九项原则逐一做好自己的工作，你的梦想自然就会实现。不要作弊，不要跳过步骤，不要不耐烦；坦承自己以往的成功，这会让你有信心坚持到底。

什么是形象化?
将我们的目标形象化是否能加快显现的过程?

形象化是创新过程中非常重要的工具。这是一种使用我们内在心理屏幕的练习,想象自己已经看到创造过程在脑海中实现的画面。无论我们如何强调形象化的力量都不过分。你此刻可以环顾四周,看看周围的环境。你所看到的一切,在它的物质形态呈现之前,都曾在某个人的脑海中被想象或显现出来。我们无法创造自己不能想象的东西,却总能创造自己能够清晰想象出来的东西。形象化将为你内心的渴望注入活力,并使之成为现实。

您能推荐一种促进形象化产生的
实用方法吗?

促进形象的实用方法就是找到实际的范例,表明你想要呈现的东西。例如,如果你想呈现一份好工作,就看看你周围的世界,电视上、杂志上,或者周围的生活中,哪里有你心目中的好工作,然后认真研究细节。这同样适用于呈现一种美好的关系。找到那些拥有那种关系的例子,它们具备你希望体验到的美好关系的特点。这种方法适用于生活的方方面面,从最崇高的到最平凡的层面都是如此。例如,当我女儿 14 岁的时候,她非常想要一个香奈儿钱包。她每天都会想象自己拿着香奈儿的钱包,还会在时尚杂志上寻找灵感。当然,我绝

对不能看到她手里拿着香奈儿，但至少我可以为她买一个。女儿意识到我并不属于拥有"相信的眼睛"的团队成员，于是就和其他人分享了她的愿景。年底时，她经常帮助的一位老人送给她一个真正的香奈儿圣诞钱包，和她想象的一模一样。这就是形象化与信仰相结合的神奇力量，而且它确实发生了。她从自己不可能提前预测的来源得到了钱包，这正是她坚持把钱包形象化而实现的。

什么是直觉？
您为什么说直觉是自然的，
而且是我们重要的一部分？

　　从字面的意思理解，直觉是内在的老师。它是精神的声音，是更高层次的自我，也是我们最明智的存在。直觉源于内心，然后在身体中产生共鸣，它有时会利用其他感官来引导我们，让我们能超越有意识的智力思维，在每时每刻为自己做出最好的决定。直觉表现在许多方面，每个人都以自己的方式体验着它的存在。例如，有些人对直觉体验可能是一种第六感，另一些人则会感到脊背发冷，感觉到脖子后面的毛发竖立了起来，感觉到内心的声音，或者会把胸部或喉部感觉与直觉联系起来。不管直觉如何吸引到你的注意力，它总是通过某种微妙的能量振动在你的身体和意识中传播。"微妙"是个关键词，这意味着如果你没有注意，这种感觉就可能悄然消失，而不被注意。如果你愿意的话，直觉是我们的自然引导系统，我们的内部气压计，也是我们的 GPS 定位系统。就像自然界中所有的事情受到引导一样，我们也是如此。鸟类和蝴蝶有自己的雷达，能把它们从北美洲带到南美洲；鲸鱼体内有声纳系统，能成功引导它们穿越海洋。我们人类拥有直觉，或者按照我的喜好称它为"共鸣"。它之所以对我们的生活如此重要，是因为它是一种自然的反馈和交流系统，能够保护并引导我们，使我们能与最真实的自我保持一致。没有直觉，我们就会迷失在世界的混沌中，开始怀疑自己是谁，甚至怀疑生命本身的目的何在。直觉提醒我们，对我们的灵魂而言，什么才是真实的？什么才能使我们保持安全、健全，并且能坦诚地面对自己。

有什么科学依据能证明直觉是有效的吗？

科学正逐渐认识到，直觉是我们生物构成中完全切实可行的、自然的组成部分。事实上，现在有一份关于 WebMD 的报告，明确指出大脑发出直觉信息的实际位置。我们要对科学有耐心，它很快就能了解精神灵性所知道的一切。我相信直觉不仅是自然的，也是帮助我们发挥最大潜能所必需的。

您相信同步性吗？相信每件事的发生都是有原因吗？

我相信在任何时候，人与人都在能量和精神上彼此相连，同时也与更高的精神力量相连，与我们的源头或上帝相连。我们通过同步性

来体验这种互联，当万事万物所有隐藏的连接被激活，并在我们的生活中发挥作用的时候，这种同步性就出现了。因此，每件事的发生都是有原因的。如果我们意识到这种联系，我们生活中的同步性就会加速，进而充分支持我们内心的意图，使我们的生活更加神奇。

直觉是天生的吗？
人们能加以开发吗？

直觉是我们精神的声音，因此它是一种与生俱来的能力。我们都有直觉能力，但对它的开发程度却因人而异。那些意识到直觉的存在、珍视直觉价值的人能快速提升自己的直觉力，而那些无知并且忽视直觉的人，则会与直觉渐行渐远。幸运的是，因为我们的直觉，或是第六感，是与生俱来的自然能力，任何人都可以通过注意力、冥想和习练唤醒自己的直觉，并使它得以提升。

我们如何提高自己的直觉能力？

我建议用四步法来提升直觉能力。

第一步是对你的直觉保持开放态度。可以将你的直觉想象成一个广播电台，通过无线电波播放重要新闻。对直觉保持开放态度，就好像把你的个人无线电接收器转到"开"的位置去接收新闻一样。对直觉保持开放态度的人要比其他人拥有更强的直觉力。

第二步是期望自己的直觉发挥作用。期望能创造一种需要被填补的空白或者真空状态。那些期望自己具备直觉能力的人愿意接受，不期望自己具备直觉能力的人就会无动于衷。回到无线电的比喻，保持开放状态就是打开了直觉的无线电接收器，期望自己被引导，就像直接调适到"更高自我"的无线电广播中。

第三步是当你的直觉出现时，你要相信它。谈到直觉，大多数人都有非常敏锐的"后见之明"，或者是被我称为敏锐的"早该……其实……本该……"的感觉。他们感觉自己受到了某种指引，但最终还是选择忽视，直至后悔莫及。克服这种习惯并开始相信自己的直觉的最好方法，是买一个小的袖珍笔记本或录音机，每当你产生某种直觉、预感、更明显增强的觉知，或任何其他直觉的暗示时，把它写在笔记本上或用录音机记录下来。坚持这么做两个星期。当你这么做时，就会发现，你越认同直觉的存在，它就会出现得越强烈、越频繁。而且，在短短的两周之内，你会在自己的笔记本上留下证据，证明它是真实可信的。话虽如此，但我知道许多人不会费事去记录自己的直觉感受。所以我还有 B 计划，我把它成称为："如果你感受到了，就要说出来。"执行 B 计划的重点在于，每次直觉出现的时候都要公开承认自己的直觉，但不要把它们写下来，也不要把它们录在录音机上，而只是把它们说出来。你只需大声说："我的直觉告诉我……"，每当你感受到直觉的冲动时，就来填补这句话的空白。个要担心这个直觉是否准确，甚至是否客观。只要大声说出自己的第六感就行。你不用特意向任何人宣布这件事，告诉你自己就好！ 这种方法几乎和我的第一个建议同样有效，但它并不像回顾自己的书面记录或者录音，并得到验证的过程那么具有戏剧性，或者那么有趣。

　　第四步也许是这四个决定中最重要的一个，它将改变你的生活并让直觉为你工作。这就是当直觉出现时，按直觉行事。你可以从邀请"直觉肌肉"投入工作开始。让我们做一个有趣的游戏，我称之为"精神仰卧起坐"。当电话铃响起的时候，在查看来电显示之前，先问一下自己的第六感，看看来电人是谁。上班的时候，问问自己感觉哪条路最不容易堵车。当你和别人谈话时，问问自己的第六感，对方真正的意思是什么。一定要用你的心去聆听，而不是用你的智慧。

　　总之要保持开放的态度，期望直觉的出现，因为直觉本身就是自然的。相信你内心的感觉，让直觉贯穿你做决定的整个过程。你可以和自己的直觉做游戏，避免努力保持"正确"。简单问问自己，你感觉什么是真实的，然后大声回答出来而不是去思考答案。很快你就会感到，直觉开始在你的生活中起作用了。

　　最后，在发现自己直觉的过程中找到快乐。直觉是一门艺术，是创造性右脑的一种功能，它并非来自人体左脑中那种科学的分析过程。

请给我们举一个如何在日常生活中实际运用直觉的例子。

　　直觉是一种实用的能力，它能节省你的时间，防止你犯错误；它能帮你做出最好的决定，为你的健康提供指导；它能使你与重要的人保持一致，并将你与生活获得成功所需的一切联系起来。最棒的是，它能让生活更有趣、更刺激，还能送给你很多礼物。

　　例如，一位客户最近告诉我，她有一种不知从何而来的强烈直觉，想给一位大学时的艺术家朋友打电话。她已经14年没见过他了，她的直觉看起来也很奇怪，但她还是坚持照做了。她找到了那位老朋友，却发现这位朋友最近刚从他们一起上高中时的那个小镇，搬到了她现在居住的城市，甚至还和她住在同一个社区。这已经算得上是一个同步的惊喜了，但更好的事情是，艺术家和他的哥哥一起生活，而她在遇到他哥哥之后，就和艺术家的哥哥结婚了。如果她没按照自己的直觉去做，或者让直觉顺从于自己过多的分析，她可能永远不会遇到自己此生的挚爱。

撇开这个有趣的例子不谈，直觉能引导你更快地找到自己要找的东西，从而为你节省时间，无论是你的车钥匙、新工作，甚至是你的人生目标。它能对危险发出警告，提醒你注意重要的细节，帮助你做出更好的决定。在过去的一年里，我的直觉警告我要把所有退休后的投资都转成现金。两个月后，美国的银行系统和抵押贷款系统崩盘了，造成了自大萧条以来股市最大幅度的下跌。我的钱却是安全而保值的，而当时美国大多数投资者的情况并非如此。

直觉能为我们提供帮助的另一种实用方式就是评估他人。几年前，我在网上登广告招聘助理，我收到近3000份回复。我的直觉告诉自己只能从大量的申请中选择一个，于是我就这样做了。这件事的结果是，我随后聘用的唯一员工，正是我以前一位值得信赖的同事亲自培训过的人。他不仅很适合这份工作，而且还是我见过的最有职业道德的人。七年后的今天，我们依旧是商业伙伴。我感谢直觉为我带来了好运。

什么是冥想？冥想有什么好处？
我们应该如何开始呢？

冥想就是学会让我们内心的杂念安静下来，将我们的心灵调试到更深层次的、隐藏在我们无尽的思想噪音背后的精神觉知。冥想的好处怎么强调都不过分，它能安抚我们的神经系统，清理思绪，缓解压力和焦虑感，强化创造力，使我们进入更高层次的自我境界，并且增强我们的直觉能力。学习冥想从做出一个简单的决定就能开始。与其说冥想是一种复杂的技能，不如说它是一种只要下决心学习就能掌握的技能。

冥想从呼吸开始。开始时，慢慢吸气，默数到四，然后屏住呼吸，数到四，然后慢慢呼气，再数到四。这样反复做十次，然后让自己放松，以更放松和舒适的模式呼吸。接下来，每次吸气时，对自己说"我是……"，呼气时说出"平静"这个词。继续在吸气时说："我是……"，在呼气时说"平静"。如此反复10到20次。如果你走神了，只需回到呼吸中，重新开始。呼吸时保持平静和放松。记住，你正在训练自己的头脑臣服于你的呼吸，可能需要几次尝试之后，头脑才能意识到这个念头。坚持下去，不要放弃。不久之后，你的大脑就会合作了。经过几次尝试，大脑会期待这种精神上的休息，并更快地臣服于平静、祥和、放松的安静状态。这就是冥想所需要的一切。

冥想能增强我们的直觉能力吗？
您能和我们分享一些练习吗？

冥想的一个精妙好处就是，它能极大地增强我们的直觉。当我们学会平息心中的意念，便能开始调试自己，去聆听灵魂中更深入、更平静、更安宁的声音。这种更深入的声音虽听不见，但却是一种温暖的、慰藉人心的、在我们的内心深处引发共鸣的振动。如果我们的头脑中焦虑的思想充斥着和对世界无休止的评判，我们就无法感觉到这种更微妙、更直觉的振动。只有当我们让喋喋不休的大脑安静下来，才能听到灵魂更深层的表达。

为了让身心恢复活力，
我们应该花时间进行规划，什么都不要去做，
这样的安排为什么很重要的呢？

除了冥想，每天花几分钟放松一下，什么也不做，这也是让自己恢复元气并提升直觉能力的另一个好方法。允许自己的头脑做白日梦，处于漂浮而放松的状态，甚至如我的孩子们所说，有一种"冷飕飕"的感觉，这些都能为你打开通向更高意识的大门，让更多富有灵感的思想进入我们的意识流。但是如果我们过于繁忙，生活中充满太多活动和混乱，直觉就无法进入我们的意识，因为会有太多的外部因素与之发生冲突。

你并不需要花很多时间做白日梦，才能有所收获。10分钟的午睡，或许只是在喝茶时眺望窗外，都能让你进入直觉的通道。许多时候，我就是在做那些事情的时候，有了直觉的灵感。当你的创造力受阻时，放松的白日梦也是一项很好的活动。

你只需凝视窗外或者遥望天空，如身处梦境一般地闭上眼睛，深呼吸几分钟，放松一下，静静地看着这个世界在你身边走过。这么做不仅能缓解压力，还能恢复创造性思维，超越我们的自我思维。直觉很微妙，它无法与我们内心的杂念竞争。人要让自己的心静下来，才能听见圣灵的声音。

您收到过的最好的建议是什么？

我曾收到的最好的建议来自我的母亲，她在我大约8岁的时候对我说："索尼娅，你有一条内在的、直达天堂的生命线，就位于你心脏的中央。无论你何时需要帮助和指导，或者不知道该走哪条路，该去做什么，只要把手掌放在心上，然后呼吸。这样就会激活你与上帝之间的联系，然后问问你自己的心，你该怎么做。你的心会通过你做出回答。你只要说出：'我的心说……'这就是你的答案，永远值得信赖的答案。你知道你的心是可靠的，因为当它引导你的时候，你会在内心深处感到满足和平静。你要永远相信自己的第六感。"直至今天，我一直对妈妈的话深信不疑。

很多人都想改变这个世界，
您觉得他们应该从何开始呢？

多年前，我的精神导师教导我，如果你想帮助这个糟糕的世界，最好的方法就是不要让自己痛苦，我觉得这是个非常好的建议。据我所知，能为这个世界做出贡献的最佳方式就是保持快乐，你要跟随自己的内心，尽力和你所有遇到的人分享自己的天赋与才华。它来自于你对生活中美好事物的关注，来自于以微笑面对生活，来自于关注生活中美好事物，来自于远离自我的需求，来自于对生活真诚的热爱，来自于珍惜每天的生活。

揭开冥想的
神秘面纱

明就仁波切
冥想大师

你可以在任何地方冥想：在你工作的时候，坐火车的时候，开车的时候，吃午餐或者晚餐的时候，唱歌或者看电视的时候……

本章作者明就仁波切 1975 年出生在尼泊尔与西藏交界的山区，他是在西藏以外受训的藏族喇嘛之一。9 岁时，他搬到加德满都山谷的纳吉贡帕（Nagi Gompa）隐居地，在他的父亲图库·乌尔根仁波切（Tulku Urgyen Rinpoche）的指导下学习藏传佛教传统的深奥教义和冥想技巧。他的父亲是当时最伟大的冥想大师之一。此后，明就仁波切在他 14 岁时进行了传统的闭关修行，历时三年零三个月，他也成为有史以来如此修行的最年轻的人。明就仁波切将科学和灵性融合在一起，把冥想解释为一种肉体与精神相融的过程。他从个人的经验中认识到，冥想能改变大脑。他在孩童时期曾患有惊恐症，但通过密集的冥想练习，他战胜了疾病。他告诫众人，当努力练习时，冥想可以终止那些"神经元的混乱信息"，即那些让我们陷入消极模式的、对脑细胞交流充满想象力的渲染。明就仁波切提供了各种简单易学的冥想技巧和辅导方法，避免练习者感到无聊或厌倦。他说，"少即是多，冥想练习应当多做，每次的时间可短些。"对那些因冥想而感到沮丧，或担心自己"做得不对"的人来说，他的方法尤其受欢迎。

　　明就仁波切有着充满感染力的喜悦和永不满足的好奇心，他将藏传佛教、神经科学和量子物理学的原理融会贯通，永远地改变了我们理解人类体验的方式。借助他提供的基本冥想练习，我们能找到日常问题的解决方案，化障碍为机会，并认识到思想的无限潜力。明就仁波切曾与威斯康星州麦迪逊威斯曼脑成像与行为实验室（The Waisman Laboratory for Brain Imaging and Behavior）的神经学家合作，从他的角度，为新的研究领域提供了独到见解。研究表明，系统的冥想训练能增强大脑中与快乐和同情相关区域的活动。他还与那些作为专业领军人物的物理学家合作，对佛法中关于现实本质的理解进行了新的科学阐释。

　　永给·明就仁波切是藏传佛教噶玛噶举派（Karma Kagyu Lineage）的一位备受尊敬的上师。他在西方积极地从事教学活动，他具备能用清晰和善巧的方式传达佛学教义的非凡能力，并因此声名远播。

您是如何开始的？
什么样的早年经历将您塑造成今天的样子？

　　我出生在尼泊尔北部一个充满爱的幸福家庭。我父亲是一位了不起的冥想老师，我有幸从他那里得到诸多教益。我年轻时就对冥想非常感兴趣。7 岁时，我开始经历恐惧症的发作，焦虑感也如影相随。13 岁时，我参加了在印度北部舍拉布陵寺（Sherab Ling Monastery）举办的为期三年的传统闭关。闭关的第一年，我的恐惧症更加严重。我当时虽然相信冥想练习能缓解症状，但我在练习时经常会有懈怠。

后来，为了缓解恐惧，我下决心在房间里坐了两天，进行冥想。在那段时间里，我学会了在不舒服的状态下静坐。我学会了在"抗争不适"和"听任不适"之间找到一条中间道路。我用那些与恐惧有关的感觉支持自己的冥想。最终，恐惧成了我最亲密的朋友之一。

我17岁时完成了闭关修行。那年年底，我们的闭关禅师圆寂了，从那以后，我开始了教学生涯。我还在传统的夏扎学院（Shedra，藏传佛教高等学府）学习了九年。2001年，我开始去东方和西方游历，与人们分享自己的冥想经验，讲述恐惧症何以成为我冥想的动机。

患恐惧症的经历使我认识到，每当遇到问题或障碍时，我们可以选择如何处理它。如果你过于直接地挑战自身的问题，比如我的恐惧问题，则它通常会成为你必须与之不懈战斗的敌人。同样，若你容忍这个问题，它就会成为控制你的行为和情绪的魔鬼。最佳的选择是将问题视为老师，并且从遇到的每个困难中学习。这一观念适用于你可能面临的任何困难。如今，我把以往的恐惧当作良师益友，它提醒我要做我自己。这一观念是我的著作《生活的乐趣》一书的核心，这本书已被翻译成22种语言。

您认为一个人找到人生目标的最好方法是什么？

我相信助益他人。生活的主要目的是要保持善良，帮助他人，为他人付出。这样于人于己皆有利，是一种双赢。帮助别人实际上是在帮助你自己。伤害别人，在某种意义上也是伤害自己。尽管你也许认为害人可以利己，其实不然，从长远看，害人终将害己。人都是彼此依赖的，你想获得快乐，就必须依靠他人。如果这个世界上没有别人，你怎么能找到幸福呢？你会没有食物可吃，没有事情可做，没有房子和车子，没有金钱，也没有朋友。你当然可以冥想，但却没有老师教你怎么冥想！我相信我们生活的主要目标就是要与人为善、互相关爱。

您认为什么才是真正幸福的秘诀？

我相信幸福的秘诀在于培养我所谓的"内在的喜悦"。什么是内在的喜悦呢？这是一种不依赖于外部环境的宁静、安详与纯净的体验。内在的喜悦是通过冥想产生的智慧获得的。智慧的意义是什么？智慧就是看到并理解表象世界的真实本质，以及内心的真实本质。要拥有这种智慧，我们必须借助冥想这样的有效方法。一旦通过冥想培养了觉知和正念，思想就会变得灵活、开放与安详。

即使你对佛教哲学非常了解，但倘若未将这些知识与冥想产生的智慧结合起来，那么你学到的仅仅是一些字面上的东西。反过来，如果你有很好的冥想经验，却对佛法知之甚少，你就不知道如何去帮助他人。这就是为什么我们需要把冥想练习与佛法的学习结合起来。

人拥有获得内在喜悦的潜力。我们需要认识到，获得内心喜悦的潜力人皆有之。那么，我们如何识别它呢？这就是通过冥想练习来丰富智慧。冥想的方法叫做"静心静坐"（梵语中的"沙玛他"），它可增强正念和觉知的体验。以此训练，你能体验到真正的幸福和快乐，而这一切与外部环境无关。如果你的快乐是来自外部环境，你的情绪就

会一直波动。如果你能获得这种内在的喜悦，你生活中的一切，你的家庭、工作和健康都会因此受益。

您如何定义真正的成功？

理解成功的含义十分重要。有些人认为能与人约会，拥有金钱、名望，或者内心的平静就是成功。不过在我看来，只有对他人和自己都能有所助益，才算是真正的成功。每个人都应该拥有心平如镜的体验。如何实现呢？我们需培养智慧、慈悲心和同情心，使精神和心灵得以升华。当然，这可不是一件轻而易举的事，但我们每个人的心中都天生拥有巨大无比的潜力。尽管不是每个人都意识到这一点，但我们内心都拥有智慧、仁慈和同情心。一旦你意识到这些内在的品质，我们的关系、家庭、健康和工作就都会从中受益。如果你仅仅是受物质利益驱使，短期内你或许会成功，但是你的情绪始终随着外部条件的变化而波动。你也许拥有金钱与财富，但却日夜劳碌，不得安宁。

曾经有位家财万贯的名人来找我，向我寻求冥想的建议，因为他对生活并不满意。他说金钱带来了更好的生活，却没带给他带来更多的幸福感。倘若你无法找到真正的幸福，你就没有获得真正的成功。成功的意义在于实现幸福，获得内在的喜悦。如果你的成功给你带来更多痛苦，那就不是真正的成功。当你拥有很多东西时，就一定会感到满足吗？

在一次科学实验中，
当您处于专注、集中注意力和
冥想的状态时，大脑呈现出不同的
精神状态。您能和我们介绍一下那次实验吗？

　　我当时前往威斯康星大学，在理查德·戴维森（Richard Davidson）博士的指导下，用 FMRI（功能性磁共振成像）技术对我的大脑进行了扫描成像。

　　他们邀请我和其他冥想者（这些人至少有 10000 小时的冥想经验）参加这个实验。研究人员在冥想前和冥想过程中对我们的大脑活动进行监测。他们在实验中观察到大脑活动的显著变化，FMRI 就像一部电影，能观察神经元和大脑的各种活动。一台大型磁共振机对我的大脑活动进行了监测，每次 1 到 1.5 小时。研究人员在我头上放了许多电子传感器。在那次实验中，我被要求使用三种技巧进行冥想，分别是：1. 开放的存在。2. 专注于某个对象。3. 无条件的慈爱和同情。

　　当我以这些方式进行冥想时，他们会播放各种可怕的声音给我听，包括女孩的尖叫声和婴儿的哭声。科学家们在实验中观察到大脑功能的各种变化。这些变化非常剧烈，他们甚至怀疑可能是机器出了故障。随着时间的推移，他们意识到大脑功能的变化实际上是冥想的结果。科学家们认识到，大脑左额叶区域的高频活动正是积极精神状态的标志。他们还观察到现在被称为"幸福区域"的范围发生了巨大变化。这是非常令人兴奋的消息，同时也引发了与科学家们的大量讨

论。他们已经能够通过测试，证实冥想确实是非常有益的。以下有三点重要提示：

一、大脑显示出"神经元可塑性"，这意味着我们的大脑能发生改变。十年前，神经学家不相信大脑有能力改变。现在我们知道，即使你天生就不快乐，也有可能变得快乐。

二、实现这一改变的最好途径是每天练习冥想。

三、情绪上的积极变化对我们的心脏和免疫系统都有好处，有助于降低压力水平。

> 您能确切地告诉我们，
> 怎样才能拥有快乐与平和的心态吗？
> 普通人能从中学到什么？

我把自己的问题和困难当做练习冥想的动力。这样，我的情绪就变得更加平和、稳定。如果你认为痛苦是可以避免的，能从其他地方获得快乐，你的冥想体验就会像股市一般起伏不定。我会用任何脑中浮现的联想支持自己的冥想练习。我就是用这种方法，比如用以往恐惧症的体验来支持自己的冥想练习。

大多数人认为幸福取决于外部条件，如财富或名望。实际上，幸福就在你的内心之中。在冥想中，我们需要将觉知与智慧结合起来。可以说，有两点非常关键，就是使用正确的方法和培养智慧。要培养智慧，就需改变自己的观念。通过冥想练习来训练意识和正念，就好像进行体育锻炼一样。你去健身房锻炼肌肉，作为奖励，您会收获健康。同样，你也需要精神修炼，以此增强精神的肌肉。冥想就像是一种精神修炼，每个人都可以做到。

哪怕是一点点冥想也能有很大的助益。有些大学已经开始对冥想的初学者进行研究。这些初学者需要连续八周、每天练习一小时冥想。八周后，学生们的大脑发育显著，他们也能更好地控制情绪。

> 您常年在东西方游历，
> 您认为导致人们在生活中缺乏成就感的
> 普遍问题是什么？

最普遍的问题就是人永无止境的欲望。假设你赚了一千美元，它可能已使你衣食无忧，但你却想要更多。当你赚到一万美元时，你又希望自己能挣十万美元，人就是这样欲壑难填。

我曾经遇到过一个人，他住在巴西的一个山洞里，生活清苦，平时以山野中的香蕉和水果为生。然而他潜心冥想，无论是在山洞里生活，还是在大海上航行，总是快乐无比。他开心是因为他感到满足。相反，我遇到的一些名门望族却对自己的生活并不满意。他们不开心也正是源于自己无尽的欲望。我们需要达成一种平衡。当然，人需要有一个奋斗目标，但我们更应关注行动背后的动机，而不是结果。人需要随遇而安，因为你不可能保证永远都会成功。

我们如何才能获得持久的幸福？

获得持久的幸福取决于你自己。如果你拥有"内在的快乐"，那么你的幸福就是不可动摇的。然而，如果你依赖外部环境获得幸福，就将永远无法获得真正的幸福。我经常问学生们，他们是否能找到一件所有人都认为很珍贵的东西。有些人觉得某件东西是珍贵的，另一些人却不以为然。人们无法找到所有人都认为珍贵的东西：钻石、黄金、财富、名声或其他任何东西。请记住，真正的幸福和快乐就在你的心里。如果你能慢慢意识到这意味着什么，那就是智慧。你需要运用正念和觉知，培养这种智慧，这样就能获得持久的幸福。

如果你仅仅在外部环境中寻找幸福，得到的永远是失望。外部环境是无常的，因此任何来自外界的快乐也同样是无常的。持久的幸福来自内心。当你探索精神的本质时，就会发现，快乐与外部环境毫无关系。精神的本质是自然宁静与纯洁无瑕。由此而获得的喜悦，会通过不可动摇的幸福感得到验证。这恰恰是佛陀想要传达的核心要义，即精神恒久的本性是宁静、清纯无瑕与慈悲心。当万千思绪归于平静，真理的光芒就会穿透精神的本质，这正是我们所见证的。

> 您曾与一些世界领先的神经
> 科学家、生物学家和心理学家
> 广泛合作。科学研究是否表明，
> 基于佛教的教义能够发挥一定作用？

佛教的教义和技巧通过改变大脑的特性和灵活性而起作用。具体来说，正念、慈悲心和同情心的实践，会改变我们的思想和认知。这种觉知变化让我们自然而然地体验到恒久的快乐。

> 现代科学如何与佛学的教学同步进行？
> 在实践层面上，我们如何从这些发现中获益？

现代科学和佛陀有关心灵"科学"的教诲，都试图理解现象的真正本质。科学和佛陀的教诲都描述了这样一个世界，当它显现和发挥作用的时候，它看起来并非实际存在：它被认为是无常的、无实质的。痛苦对没有本质的东西（这个世界的表象，以及我们对"我"的感觉）抱有错误的理解，痛苦是真实而恒久的。有些人能通过佛教的教诲和实践，体验到这个真理；但有些人则需要用科学的理论和方法验证这一真理。在这个时代，科学发现似乎塑造了一种文化的信仰和假设。当现代的科学发现能达到与古代佛陀的教诲殊途同归的程度时，我们便能得到深刻的启示，并且从中受益。

最近，西方科学通过科学的方法证实了许多佛陀关于现实本质的

教诲。佛陀所强调的慈悲心和利他精神，能帮助我们巧妙地运用这些洞见，减轻众生的痛苦。

对现实的虚无性与无常性的本质理解，能帮助我们减少对世界的贪与痴。贪与痴少了，心灵的平静与愉悦就近在咫尺。佛教信条能为科学洞见带来一种心灵的觉知。

即使我不是佛教徒，
也能实践佛教的教义吗？
这样做直接的好处是什么？

当然可以。佛陀的教诲和方法是有益的，这与宗教信仰无关。佛陀所倡导的修行，关键是通过静心冥想来训练心智，并培养对众生的慈悲心。仅仅是渴望拥有这些品质和进行早期的训练，就能带来巨大的助益，也能让我们的生活充满意义。为了深化这种训练，学习一些佛陀关于无常的教诲也有帮助，有因必有果（业力），而现象的本质就是自身的空性。

人们说，改变思想的方向，
即能改变我们所经历的一切事物的属性。
您觉得这句话能应用到日常生活中吗？

心如同你的国王，身体和行为就像是追随者。在我们的生活中有幸福和不幸。但是，什么是幸福，什么是不幸呢？这取决于你的精神状态和你如何思考。

人们总是跟着自己的思想走。比如，如果你的家庭医生建议你经常去蒸桑拿，以改善免疫系统，你就会照做并且享受它，哪怕你很讨厌桑拿的高温环境。你甚至可能会因此花费不菲，甚至必须在繁忙的日程表中特意挤出时间去蒸桑拿。尽管高强度的运动对你来说很困难，但如果你决定这样做，并坚信锻炼会有益于身体健康，你就会享受运动带来的欢乐。这些例子说明，人的观念可以改变其自身的体验。

心决定了快乐或不快乐的体验。心是强大的，你可以选择将消极体验转变为积极体验。正因如此，你才能培养快乐、智慧、同情、爱和善良。我们该怎么做呢？正如我之前提到的，通过智慧和冥想的训练就能实现。

请您解释一下二元意识的概念，我们如何从这个循环中解脱出来？

二元论的感知是某种真实存在的实体对另一种真实存在的实体的错误感知。这种错误的感知是所有混乱和纠结的基础。为了打破二元观念的循环，我们需要认识到，实际上自我和他人都是无常的，也都是虚构出来的。为了让理解成为我们自身的体验，我们需要认识精神的真正本质，它能超越二元性，从而看到自己和世界的本来面目。这并非是一个概念，而是冥想产生的直接体验。我们的思想根本上是超越二元性的：它从根本上讲是超越概念的。如果你认识到这一点，就

可以从二元性的感知中解脱出来。我们可以通过冥想实践，培养智慧来认识到这一点。

什么是冥想？
练习冥想对今天的世界有什么好处？

在藏语中冥想被称为"GOM"，意思是"感知平和、心如止水般的宁静和纯净无瑕"这些积极的体验。

冥想的关键是运用觉知和正念。这是冥想的要点，冥想有两种基本的类型：

（1）普通意识，即你意识到周围发生的正常事情，这种意识人皆有之。

（2）冥想意识，不同于普通意识。普通意识面向内心，但它并没有觉察到自己的意识。冥想意识也面向内在，但却能觉察到自己的意识。你意识到能觉察自己的意识。那么，"面向内在"的含义是什么呢？例如，当你听声音时，你通常只听到了这个声音。但是对于冥想者来说，你会同时意识到自己的身体是如何听见并回应这个声音的。你会对自己的行为举止，思想情绪保持警觉。

意识总是存在于思想和情感的背后，这里并不存在判断力。我是什么意思呢？例如，如果你用声音作为冥想的一部分，声音可以被标记为愉快的或者不愉快的。但我正在冥想，并不会执着于声音，只要听见这个声音就可以了，重要的是培养正念和觉知。但在平常的情况下，我们并不会这么做。

有些人把心的本质等同于活泼善变的
猴子，对此您有什么看法？

　　并不是心的本质等同于猴子，而是性格或者心的行为模式像猴子一样多变。这两者是不同的。心本身是纯洁的、善良的、神奇的，然而，它有时会表现得非常奇怪。如果你把一只猴子放进杂货店里，它会欣喜若狂，四处乱蹦，最后把商店弄得一团糟，这其实是猴子的自然行为。我们的心就像那只猴子：它总是在制造麻烦。如果没有问题，像猴子一样活跃的心就会试图把事情搞糟，从而制造新的问题；如果出现大问题，那颗像猴子一样的心就会感到很快乐；如果没有问题，它就会去寻找问题，再把一个小障碍变成一个大麻烦。这就是猴子常做的事。

冥想有很多种。我们如何开始冥想，
并知道哪种方法最好？

　　根据我自己的经验，有两种类型的冥想最适合初学者。第一种叫作"没有对象的静坐冥想"，这是一种放松身心的艺术（没有特殊的目标对象）。第二种类型的冥想会利用各种对象作为支持。对初学者来说，有三个非常重要的对象。

　　（1）你可以利用声音进行冥想。放松身体，聆听声音，只要觉知到声音就可以了，不要把太多的注意力放在声音上，只是觉知它即

可。竖起耳朵，聆听声音。它是什么声音并不重要。你甚至可以把注意力从一种声音转移到另一种声音，只要你能保持正念。

但是，不要把注意力放在太多的声音上，因为你可能会对使用哪种声音感到困惑。你可以选择一种对你来说清晰的声音。你不会长时间地对声音保持正念，只冥想五分钟就行。在那之后，你可以休息一会儿，然后重新开始。

（2）你可以用身体的感觉和运动，支持自己的正念。

（3）你可以用咒语支持冥想。你可以重复"嗡啊吽"（OM AH HUNG）。这些是佛教徒所说的三个开悟的音节。"嗡（OM）"是开悟的身体，"啊（AH）"是开悟的言语，"吽（HUNG）"是开悟的心灵。你也可以用"慈悲，慈悲，慈悲"这样的词语。如果你遵循的是不同的传统或宗教，可以说一些简短的祈祷词。在脑海中反复诵念它们。比如，如果你反复说"OM AH HUNG"，就会放松身体，保持脊柱挺直。你可以在心里重复这些词。如果你有其他念头出现，比如"嗡（OM）——我明天该做什么？""啊（AH）——我饿了。""吽（HUNG）——我累了。"没关系，你只要放松，反复重复"嗡啊吽"就行。不要试图控制或者阻止你的念头。

如果你分心了，只要注意到它，然后再重复一次就行。

> 如果心灵变得平静和清纯，
> 对我们有什么益处呢？

平和而清醒的心灵是对我们非常有益。如果你的心平静而清纯，它对你的身体很有好处。科学研究表明，冥想可以增强人的免疫系统。因为思想控制着生命活动，冥想能在你所能体验到的方方面面给予你帮助。如果人的心变得清纯和平静，就能控制其思维和觉知。清纯的心对学业、工作和人际关系都有帮助。

如果头脑中充满各种念头和情绪，你将很难全神贯注地学习。这就像一台硬盘被塞满的电脑，已经没有更多空间处理信息。同样道理，如果你的心清纯而平静，它就能接受信息并保持清新。心放空了，就会更平衡，更快乐。

> 刚开始练习冥想时，
> 是每次冥想的时间长些好，
> 还是时间短而次数频繁为好？

如果你刚开始练习冥想，那么短时间的冥想会更好。比如，你可以设定一个目标，假设冥想 15 分钟。在这 15 分钟内，你可以在短时间内应用冥想的技巧，休息一下，然后再次使用那些技巧。为什么？刚开始的时候，你的心只能在冥想上停留很短时间。只需一两秒钟，就会失去冥想的状态，所以每次时间短一些、次数多一些会更好。它可能短至 2 至 3 秒，但你可以在一分钟之内重复很多次。

你可以从重复 5 到 15 次开始。当你的心能安住更长的时间，你就能冥想两到三个小时仍然感到很舒适。短时间的冥想有助于放空心灵。如果你做很多次，就会增强你的冥想体验。你的心会进一步放空，变得更强大。你可以在任何地方冥想：工作时，坐在火车上，开

车的时候，吃午餐或晚餐时，唱歌或者看电视的时候。下次当你排队买火车票的时候，也可以试着冥想和练习。"短时间，多频次"是非常重要的。

> 大多数人忙忙碌碌，
> 工作和家庭的负担很重。
> 怎么才能找到时间冥想，
> 什么时候是冥想的最佳时间？

最好的冥想时间是在清晨。如果你晚上休息得很好，那么当你早上醒来的时候，你的头脑应该很清醒。可以从 10 到 15 分钟的冥想开始。除此之外，你无须太担心没有足够的时间来冥想。正如我所谈到的，冥想可以在任何时间、任何地点进行。所以不用担心在你繁忙的日程中，是否要安排冥想的时间。

> 当我们想让大脑休息时，
> 似乎我们越努力，
> 头脑就会变得越活跃。
> 我们如何克服这个问题？

你应当知道，冥想的关键在于随心而动。比如，当你在聆听一个声音时，只需要意识到你在听。只是意识到自己在聆听声音，仅此而已。如果你过于专注，冥想就难以进行。你只需注意到自己在聆听声音就可以了。

> 我们如何能从生命中的
> 每一次遭遇和经历中
> 得到教训呢?

这是个好问题。关键在于生活是丰富多彩和有趣的。当然,生活中会有痛苦、变化和不确定性。我们可以从遭遇的麻烦和困难中学到很多东西。困难和障碍是我们最好的老师之一。

我年轻的时候,恐惧症的发作常让我头疼不已。不过,我很感激那些经历。我今天四处讲学,与人分享我个人经历的原因之一,正是源于恐惧症的经历,以及它赋予我寻求解脱的动力。如果你对自己的生活想一探究竟,那么所有的事情都会给你带来教益,所有的一切都能助益你的幸福。